浙江省哲学社会科学重点研究基地
浙江省生态文明研究中心学术专著出版资金

CEC生态文明丛书

U0590474

*Study on Spatial Difference of Provincial Environmental Pollution and Environmental Regulation in China*

# 中国省际环境污染的空间差异和环境规制研究

高 峰 /著

中国财经出版传媒集团
经济科学出版社
Economic Science Press

**图书在版编目（CIP）数据**

中国省际环境污染的空间差异和环境规制研究/高峰著．
—北京：经济科学出版社，2016.10
ISBN 978 - 7 - 5141 - 7455 - 7

Ⅰ．①中…　Ⅱ．①高…　Ⅲ．①环境污染 - 研究 - 中国
Ⅳ．①X508.2

中国版本图书馆 CIP 数据核字（2016）第 271673 号

责任编辑：李　雪
责任校对：王肖楠
责任印制：邱　天

**中国省际环境污染的空间差异和环境规制研究**
高　峰　著
经济科学出版社出版、发行　新华书店经销
社址：北京市海淀区阜成路甲 28 号　邮编：100142
总编部电话：010 - 88191217　发行部电话：010 - 88191522
网址：www. esp. com. cn
电子邮件：esp@ esp. com. cn
天猫网店：经济科学出版社旗舰店
网址：http://jjkxcbs. tmall. com
北京汉德鼎印刷有限公司印刷
三河市华玉装订厂装订
710 × 1000　16 开　14.75 印张　230000 字
2016 年 11 月第 1 版　2016 年 11 月第 1 次印刷
ISBN 978 - 7 - 5141 - 7455 - 7　定价：42.00 元

# 前　　言

改革开放以来，我国社会经济发展取得了巨大成就，但是由于经济增长方式粗放，资源消耗比例过高，环境状况总体恶化的趋势尚未得到根本遏制。同时，我国各地区资源禀赋、产业结构各异，环境污染也呈现出不同的特点，在环境规制政策的制定和实施方面也存在显著的地区差异。当前，我国经济发展呈现增长速度换挡期、结构调整阵痛期、前期刺激政策消化期"三期叠加"的阶段性特征，正确处理环境保护与经济发展的关系，积极探索生态文明建设新路，制定确实有效的环境规制政策，需要解决以下问题：一是我国环境污染在空间上呈现什么样的分布特征和变化趋势，地区环境规制在空间上是否存在相关性，有何特点？二是环境污染具有外部性，各地区环境规制政策不仅影响本地区的环境质量，而且对周边地区环境质量产生影响，纳入空间因素后地区环境规制的效果如何？是否存在消减作用？三是地方政府基于地区竞争如何进行环境规制策略的选择，是否存在"环境竞次"现象，如何解决跨地区的环境污染问题？

本书立足于当前我国省际环境污染和环境规制的空间

差异，就环境规制对环境污染的影响进行了深入探讨，并对地方政府的环境规制决策进行了理论和实证研究。本书首先回顾了环境污染与环境规制的相关理论研究，分析了我国水、大气和固体废物污染的变化趋势以及地区演进，基于环境污染综合指数的测算探讨了省际环境污染的空间聚集以及动态变迁。其次，从我国环境规制政策的演进出发，测算省际环境规制强度指数，探讨省际环境规制的空间关系。在此基础上，运用空间滞后模型和空间误差模型就环境规制对环境污染的影响进行了空间计量检验。最后，基于地方政府环境规制的决策博弈，运用空间 Durbin 模型对地方政府环境规制决策策略互动问题进行空间计量分析，探讨了我国省际环境规制决策的影响机制，并结合国外的实践和国内的探索，就如何构建区域环境规制的合作机制进行了讨论。

本书的研究结论如下：一是我国环境污染状况存在空间集聚现象，而且近年来环境污染的空间依赖性进一步加强；二是我国省际环境规制强度在空间分布上也具有显著的正相关性，且空间自相关性逐年增强；三是我国省际环境规制强度的增加能显著降低环境污染排放水平，但省际环境污染的相互影响对我国环境规制整体效果产生消极作用；四是我国地方政府间存在着以环境规制为手段的竞争，而且主要采用相互攀比式的雷同化策略而非错位竞争的差别化策略。最后，本书据此提出了构建区域环境规制合作机制的相关建议。

# 目　　录

第1章　导论 ……………………………………………… 1

　　1.1　研究背景和问题的提出 ………………………… 1

　　1.2　研究意义 ………………………………………… 6

　　1.3　研究思路和研究方法 …………………………… 7

　　1.4　基本概念和主要内容 …………………………… 9

　　1.5　可能的创新点 …………………………………… 13

第2章　理论回顾与文献综述 …………………………… 15

　　2.1　环境污染与经济增长的关系 …………………… 15

　　2.2　环境规制的基础理论研究 ……………………… 21

　　2.3　环境规制的效应和效率研究 …………………… 25

　　2.4　地方政府环境规制竞争和合作研究 …………… 31

　　2.5　文献述评 ………………………………………… 36

第3章　省际环境污染的综合测度及空间特征 ………… 38

　　3.1　中国环境污染与经济发展 ……………………… 38

　　3.2　省际环境污染的现状及演进 …………………… 43

3.3 省际环境污染综合水平的度量 …………………… 52

3.4 省际环境污染的空间特征 ……………………… 62

3.5 本章小结 ………………………………………… 69

第4章 中国环境规制的演进及省际空间特征 …………… 71

4.1 中国环境规制的历史演进 ……………………… 71

4.2 中国环境管理体制和地方政府的环境职责 ………… 76

4.3 环境规制工具在中国的实践 …………………… 82

4.4 省际环境规制强度的测度 ……………………… 96

4.5 省际环境规制强度的空间特征 ………………… 105

4.6 本章小结 ………………………………………… 111

第5章 中国环境规制对环境污染影响的实证分析 ………… 113

5.1 模型设定 ………………………………………… 113

5.2 指标选取及数据说明 …………………………… 116

5.3 环境规制对环境污染影响的空间计量检验 ………… 120

5.4 环境规制对具体污染物影响的空间计量检验 ……… 130

5.5 本章小结 ………………………………………… 141

第6章 地方政府环境规制的竞争与合作 ………………… 143

6.1 地方政府环境规制竞争机制的博弈分析 ………… 144

6.2 地方政府环境规制决策的空间计量检验 ………… 153

6.3 国外区域环境规制的经验 ……………………… 160

6.4 中国区域环境规制探索 ………………………… 175

6.5 中国区域环境规制合作机制构建 ………………… 188

6.6 本章小结 ………………………………………… 192

**第7章 结论与启示** ·············· 194

　7.1 主要研究结论 ·············· 194

　7.2 政策启示及建议 ·············· 199

　7.3 进一步研究展望 ·············· 202

**参考文献** ·············· 203

**后记** ·············· 227

第 1 章

# 导　　论

工业革命的兴起，使人类与自然的冲突进一步凸显，进而引发了日益严重的环境问题。改革开放三十多年来，我国社会经济发展取得了令人瞩目的成就，但伴随着工业化、城镇化的快速发展，西方发达国家几百年发展过程中逐渐出现的环境问题，在我国现阶段已集中显现。当前，我国的环境污染总体上仍然呈恶化趋势，形势依然严峻，压力继续加大，环境矛盾凸显。

环境效应的公共性和环境影响的外部性，加之微观经济主体存在机会主义，使得单纯依靠市场机制自身难以解决环境问题。因此，环境问题必须由政府通过设定环境标准或者实施经济工具等环境规制措施来解决[1]。由于我国地区资源禀赋、产业结构、城乡结构、技术进步等方面存在较大差异，各地区环境污染的程度和特点也不尽相同，因此需要在分析各地区环境污染空间差异的基础上，因地制宜地制定和实施相应的环境规制政策。

## 1.1　研究背景和问题的提出

### 1.1.1　研究背景

改革开放以来，我国在社会经济快速发展的同时，环境保护工作也取得了积极的成效，特别是 2006 年第六次全国环境保护大会召开以来，各地政府将环境保护作为转变经济发展方式的重要手段，环境保护从认识到实践都发生了重大变化。"十一五"规划期间，中央政府将主要污染物排放总量显著减少作为考核地方政府的约束性指标，化学需氧量、二氧化硫排放总量均有显著下降并超额完成减排任务，重点流域、区域污染防治不断深化。"十二五"以来，特别是党的十八大报告提出要将生态文明建设放在突出地位，融入经济、政治、文化、社会建设各方面和全过程，并进一步完善保护生态环境的法律法规体系，以大气、水、土壤污染防治为抓手，主要污染物总量减排年度任务基本完成，各地区环境质量有所改善，全社会环保意识不断加强。

但是，经过三十多年的快速发展积累下来的环境问题也日益显现，并进入高发阶段。全国江河水系、地下水污染和饮用水安全问题不容忽视，频繁出现大范围长时间的雾霾污染天气，固体废物等导致部分地区土壤严重污染，环境状况总体恶化趋势没有得到根本遏制。环境问题不仅制约经济发展，而且严重影响社会稳定。近年来，重大环境污染事件时常发生，严重影响人民群众生产生活和身体健康，有些直接酿成社会性群体事件，对社会和谐稳定构成直接威胁。同时，环境问题已经成为一个重大的国际问题，绿色发展正成为新一轮国际竞争的制高点，目前我国二氧化碳排放量已居世界第一，人均排放量超过世界平均水平，能否控制污染排放量，切实解决环境恶化的趋势，不仅影响我国在国际环境与发展领域的话语权，而且影响我国在国际社会中的形象。

当前，我国社会经济发展进入"新常态"，经济增长速度逐渐放缓，经济结构逐步转型升级，资源环境要素投入呈现下降态势，同时，新型城镇化战略稳步推进，"一带一路"和京津冀协同发展等区域战略逐步实施。但在未来一段时期，我国人口总量将持续增

长，资源消费总量将不断上升，污染物排放量也将继续增加，公众
对环境质量要求越来越高，环境问题的形势更趋严重。因此，环境
规制政策的科学制定和有效实施直接关乎我国经济持续健康发展，
影响全面深化改革的顺利开展和生态文明建设的进程。

## 1.1.2　问题的提出

　　改革开放三十多年来，我国社会经济发展取得巨大成就，特别
是 21 世纪以来，中国经济总量由 2000 年的 9.72 万亿元增加到
2013 年的 56.88 万亿元，已居全世界第二位；对外贸易进出口总
额由 4.74 千亿美元上升到 4.15 万亿美元，已经成为世界第二大贸
易国。但是，由于在发展方式上，经济增长方式粗放，产业结构不
尽合理，资源消耗比例较高；在消费方式上，超前、过度和浪费的
消费行为还比较盛行；在体制机制方面，部门封锁、地方保护主义
等顽疾仍然不同程度的存在等诸多原因，我国环境状况总体恶化的
趋势尚未得到根本遏制。2013 年，我国工业废水排放总量为
209.84 万吨，是 2000 年的 1.08 倍，工业废气排放总量为 66.94 千
亿立方米，是 2000 年的 4.85 倍，工业固体废物产生总量为 3.28
亿吨，是 2000 年的 4.02 倍，人均污染物排放也呈现出相似的增长
趋势，具体见图 1-1~图 1-3。美国耶鲁大学和哥伦比亚大学的
科学家两年一次发布的世界环境绩效排名 EPI（environmental per-
formance index）中，我国也一直比较落后，2014 年在 178 个国家
中排名 118 位，这从侧面反映出我国环境治理的实施效果并不理
想。当前，我国经济发展呈现增长速度换挡期、结构调整阵痛期、
前期刺激政策消化期"三期叠加"的阶段性特征，在新的经济形势
下如何正确处理经济发展与环境保护的关系，积极建设生态文明，
探索环境保护新路，制定确实可行的环境规制政策，应进一步研究

当前环境污染的现状和发展态势，着重解决以下问题：

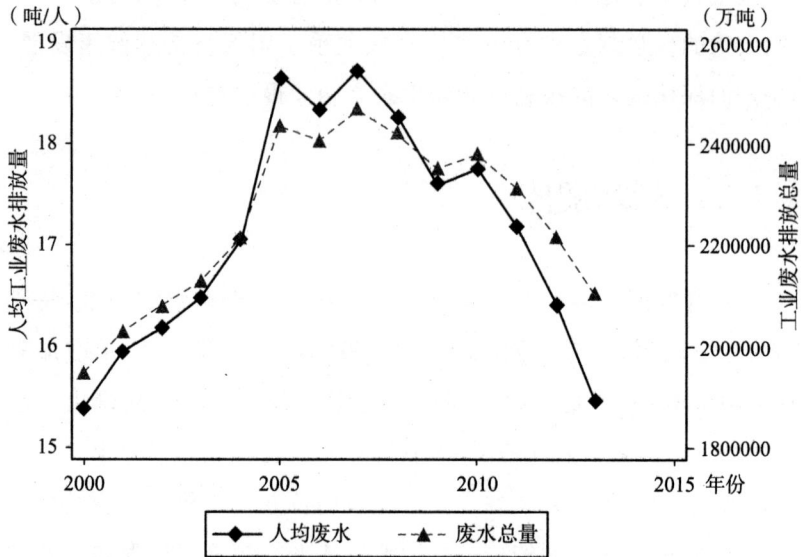

**图 1 - 1　2000～2013 年工业废水排放总量以及人均工业废水排放量**

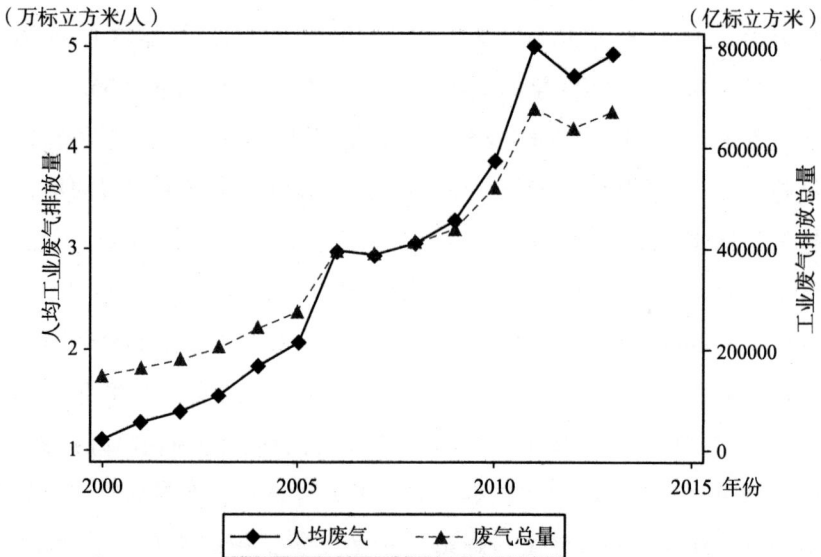

**图 1 - 2　2000～2013 年工业废气排放总量以及人均工业废气排放量**

（吨/人） | | | | |（万吨）

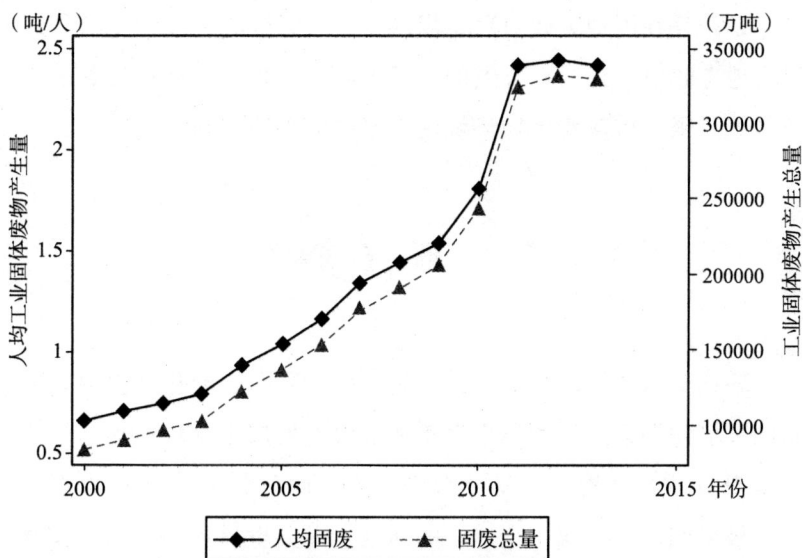

图 1-3 2000～2013 年工业固废产生总量以及人均工业固废产生量

一是中国各地区特别是省际经济发展不平衡，各省市区产业结构不尽相同，城镇化水平和居民人均可支配收入差距较大，能源消耗和利用水平不一，环境污染的空间分布和空间转移在不同地区有什么样的不同特点，相邻地区环境污染是否相互影响以及如何影响？

二是虽然中国政府认识到了环境问题的重要性，并采取积极的环境规制措施，但在实际执行中存在执政理念上发展地区经济与保护环境的矛盾，发展目标上中央和地方存在全局和部分的差异，不同地区环境规制呈现出怎样的不同特点？

三是环境问题具有典型的外部性特征，环境污染物可通过介质在不同行政区间扩散、反映与传输，跨区域环境污染问题在所难免。在纳入各地区空间相关性后，环境规制对环境污染的影响如何？是否存在消减作用？

四是由于地方政府与中央政府以及各地方政府之间的利益存在一定程度上的冲突，经常会出现为了地方利益而实施的地方保护主义，是否存在因地方政府环境规制竞争而导致的"环境竞次"现象以及地方政府不作为而导致的环境规制失灵现象？如何突破地方行政区划界限，破解跨区域环境污染难以解决的难题？

## 1.2　研究意义

环顾全球环境治理历程，一些发达国家在工业化过程中先后经历的环境问题，在我国三十多年来的快速发展中集中体现，环境污染呈现明显的结构型、复合型的特点，而且新的环境问题不断出现。环境问题固然属于全球性的问题，需要世界各国共同合作来治理，但是在发展中国家，尤其像中国这样地貌广阔，人口众多，资源短缺，而又正处于快速转型时期的国家来说，政府对环境的规制显得更加重要和迫切，中国能否治理好环境问题，不仅关系到中国社会经济的全面发展，更影响到中国在全球竞争中的话语权。

在理论层面，本书在环境规制研究中考虑了空间影响因素，采用空间滞后模型和空间误差模型分析了环境规制的作用效果，运用博弈论探讨了地方政府环境规制决策机制，并用空间 Durbin 模型对决策过程及影响因素进行了计量分析，进一步丰富了政府环境规制理论。

在实践层面，首先，各地区资源禀赋、经济水平、产业结构、工业化进程、对外开放程度、科技进步等方面特征各异，环境污染的总体态势也不尽相同，本书研究省际环境污染的空间差异与动态变迁，有利于为中央政府制定、实施分类管理的区域政策和各有侧重的绩效评价提供依据。其次，地区环境质量的现状及其治理可以从微观上和宏观上反映整个国家的环境现状，地方政府作为中央政策的传达者和实施者，直接参与地区环境治理，地方政府环境规制的积极性及效率直接关系到整个国家环境治理的成效。本书充分考虑地方政府在环境规制中面临的现实困境，探讨地方政府环境规制决策的博弈和优化选择路径，为构建中国特色的区域环境规制合作机制提供参考。

## 1.3　研究思路和研究方法

### 1.3.1　研究思路

本书首先介绍了研究背景和研究意义，提出了当前中国环境污染和环境规制面临的问题，以这些问题为出发点，对国内外学者的研究进行了梳理和总结，找出了不足和有待完善之处，为本书的创新研究指明了方向。在理论分析的基础上，采用中国省际数据对本书所研究的问题展开论述，本书主要着眼于四个问题：一是中国省际环境污染的演进和空间分布；二是省际环境规制的空间特征；三是纳入空间因素后环境规制对环境污染的影响；四是地方政府环境规制决策的博弈及影响环境规制政策的因素。在探讨以上四个问题的基础上，构建区域环境规制的合作机制。本书具体研究框架见图1－4。

### 1.3.2　研究方法

（1）运用计量经济学、信息经济学、统计学方法。采用空间自相关性 Moran 指数和 Moran 散点图、局域空间关联指标 LISA 等对我国各省份的环境污染综合水平、环境规制强度的空间分布格局、

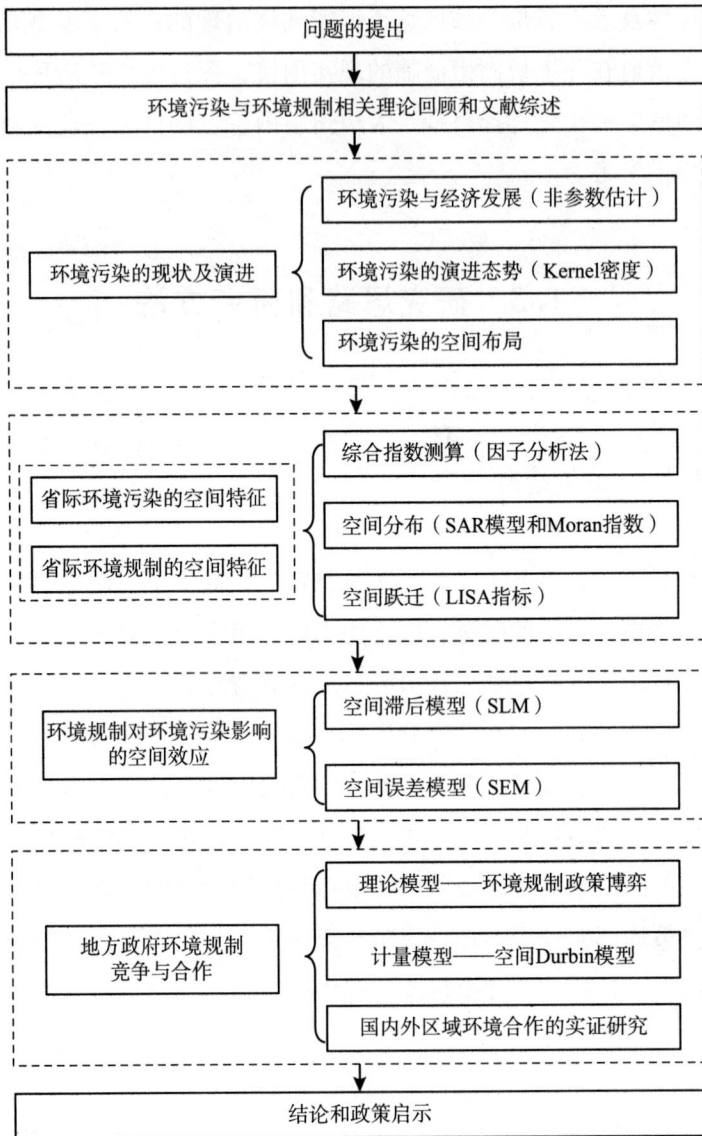

图 1-4　本书的结构框架

空间动态跃迁进行分析。采用因子分子法等统计学方法测算环境污染综合指数和环境规制强度综合指数，避免因个别指标选取产生的误差，在一定程度上增强了模型的解释能力。采用空间误差模型和空间滞后模型，基于空间依赖性检验环境规制对环境污染的影响效应。运用博弈论分析了地方政府环境规制决策的机理，并通过空间Durbin 模型探讨了地方政府环境规制决策的影响机制。

（2）注重应用规范分析和实证分析相结合的方法。在对环境规制基础理论进行分析时，既从规范的视角进行探讨，同时也从实证的视角进行了总结。在对环境污染和环境规制的省际空间差异、环境规制政策对环境污染影响进行检验时，运用中国 2000～2013 年省际数据进行了实证研究。在地方政府环境规制竞争和合作的研究中，运用博弈论理论从规范上提出了地方政府环境规制政策选择的决策模型，又对中国地区环境规制合作展开了实证研究。

（3）综合运用历史分析和比较分析方法。充分考虑历史的发展，将研究置于我国环境污染和环境规制动态演进的发展历程，并通过中外区域环境规制的比较研究，借鉴国外先进的管理经验，总结我国的实践探索，提出构建区域环境规制合作机制的对策建议。

# 1.4 基本概念和主要内容

## 1.4.1 基本概念

### 1.4.1.1 环境问题

所谓环境问题，通常指由于人类活动和自然原因而引起的环境破坏，并因此给人类带来的不利影响。环境问题是一个人与自然之间关系的概念，它是一个历史的范畴，又是一个经济范畴，人类最基本的活动是经济活动，人类从一开始为生存就要利用自然资源，进行人与自然的物质交换[1]。环境问题的表现形式是多样的，危害也各不相同，学者们依据不同的标准对其进行了不同的分类。根据产生原因的不同，可以将环境问题分为原生和次生环境问题。原生环境问题一般指自然灾害，这类环境问题是人类无法控制的。次生环境问题一般指人类的活动违背了自然规律，过量生产和生活活动导致了环境污染和环境破坏。造成环境污染的物质称为污染物，主要指生产和生活过程中排入自然环境中并引起环境污染和导致环境破坏的物质，按照来源主要分为工业污染源、交通运输污染源、农业污染源、生活污染源等。依据环境问题造成的危害后果不同，左玉辉（2002）将环境问题分为生态破坏、资源耗竭和环境污染三类，其中环境污染是指由于人为的原因，使得有害物质进入环境，破坏了环境系统，从而对人类及环境系统本身造成了严重损害[2]。本书所探讨的环境污染仅限于工业生产所造成的环境污染，即一般意义上的工业废水、工业废气及工业固体废物的污染排放。

环境效益的公共性和环境影响的外部性，是环境问题的主要特征。环境问题具有跨地区性的特点：一是不可分割性，环境要素不会被人为划定的行政区划边界所分割；二是依赖性，一个地区的环境问题常常由于环境介质而联系在一起；三是流动性，一个地区的污染物等通过水源、空气等介质可以转移影响到其他地区。因此，环境问题的治理不仅仅是一个地区内部的事情，还涉及不同地区之间的利益关系。解决环境问题不能仅仅依靠中央政策法规的制约，还需要各级地方政府对本地区环境的有效规制，以及各级地方政府之间密切合作。

### 1.4.1.2　环境规制

规制是日本学界对英文文献中"Regulation"或"Regulatory

Constraint" 的翻译，意为用制度、法律、规章以及政策来加以制约和控制。日本学者植草益将规制定义为政府依照一定规则对经济主体的活动进行限制的行为[3]。施蒂格勒认为，规制是国家运用强制权威为实现特定的利益而设计和实施的规则[4]。根据规制力量的来源，可以分为自我实施的规制和权威机构实施的规制，后者根据职能的不同又可分为经济性规制和社会性规制。与经济性规制主要是针对企业的经济行为不同，社会性规制主要是指政府等权威机构为控制外部性和可能会影响人身安全健康的风险而采取的行动和措施，它主要包括对各种污染物排放、产品和服务质量、工作场所安全性、收入分配乃至就业和教育机会等方面的规制。

环境规制属于社会性规制。对于环境规制的含义，学术界的认识随着实践的发展逐渐发展，早期认为环境规制是政府以行政手段对环境资源利用的直接干预，通常是对污染企业的禁令、非市场转让性的许可证制等，之后随着经济刺激手段如环境税、可交易排放许可证、补贴、押金退款等的运用，人们重新定义了环境规制的含义。20 世纪 90 年代，西方国家出现的生态标签、自愿协议、环境认证等，使环境规制概念的外延再次扩大，增加了自愿性环境规制。就环境规制的含义，赵玉明等（2009）认为是以环境保护为目的、个体或组织为对象、有形制度或无形意识为存在形式的一种约束性力量[5]，也有学者将其定义为政府通过制定相应的政策与措施，对企业的经济活动进行调节，以达到保持环境和经济发展相协调的目标（赵红，2005[6]；张红凤，2012[7]）。张成（2013）认为环境规制是政府或者权威机构为了保护环境而对生产、分配、交换和消费各个可能产生污染或者影响环境治理的环节而制定的各种政策或者措施[8]。本书借鉴上述学者的研究，将环境规制定义为以环境保护为目的而制定和实施的各项环境政策、法律法规及措施的总称。

## 1.4.2 主要内容

第1章，导论。中国经济快速发展带来严重的环境问题，各地政府采取了一系列的环境规制政策，但并未有效遏制总体环境恶化形势，基于这一背景提出了本书的研究问题和研究意义、简要阐述了研究思路、主要采用的研究方法、研究内容及可能的创新点。

第2章，理论回顾与文献综述。对国内外环境污染与经济增长的关系、环境规制的基础理论、环境规制的效应和效率、地方政府环境规制竞争和合作的研究进行了综述，并对已有研究进行了简要总结和评价。

第3章，省际环境污染的综合测度及空间特征。首先，分别考察了中国省际水污染、大气污染和固体废物污染的现状及演进；其次，测算环境污染综合指数对各省份的环境污染水平进行了度量，在此基础上，利用空间计量方法对环境污染在我国省域的空间分布格局及空间动态跃迁进行了分析。

第4章，中国环境规制的演进及省际空间特征。首先回顾了中国环境规制的历史演进，考察了环境管理体制及环境规制工具在中国的实践，运用因子分析法测度了环境规制强度综合指数并进行省际比较，通过各省份环境规制强度全局空间自相关检验、局部空间关联和空间动态跃迁分析，探讨了省际环境规制强度的空间特征。

第5章，中国环境规制对环境污染影响的实证分析。采用我国2000~2013年31个省市区的面板数据，基于环境污染和环境规制的空间聚集特征，运用空间误差模型和空间滞后模型检验了环境规制强度对我国环境污染综合指数和单项污染物排放的影响，并对相关影响因素进行了分析。

第6章，地方政府环境规制的竞争与合作。基于地方政府环境规制决策的博弈分析，从地方政府、居民、企业三大主体的行为分析出发，构建了地方政府环境规制决策的基本模型，并采用空间Durbin 模型对这一策略互动问题进行了空间计量分析，探讨了我国省际环境规制决策的影响机制。在此基础上，借鉴美国、欧盟等成功经验，以及我国长江三角洲、泛珠三角洲、京津冀等区域环境规制的探索，构建了我国区域环境规制的合作机制。

第 7 章，结论与启示。对研究结论进行了归纳，提出进一步约束地方政府环境规制，构建促进地区社会经济协调发展的区域环境规制合作机制的政策启示和建议，并进一步提出了研究展望。

## 1.5　可能的创新点

通过对以往相关研究的梳理，可以看出很多学者围绕环境规制对外资引进、技术进步、经济增长的影响进行了大量的检验和论证，而忽视了环境规制本身对环境污染的影响研究。新经济地理学（空间经济学）在 20 世纪 90 年代初产生至今已有二十余年，主要研究资源在空间的配置和经济活动的空间区位问题，在做一般均衡理论的分析时考虑空间因素的影响，研究各类经济活动的空间分布规律和空间集聚现象，以此来探讨区域经济增长规律与途径。基于环境问题本身的外部性以及环境污染的流动性，环境污染规制应该注意空间因素的研究。本书在分析环境规制对环境污染的空间效应基础上，通过分析地方政府环境规制决策博弈，构架空间 Durbin 模型对这一策略互动问题进行了空间计量检验，探讨了我国省际环境规制决策的影响机制。与已有研究相比，本书的创新主要体现在以下三个方面：

第一，在运用探索性空间数据对环境污染和环境规制在我国各省份的分布格局及空间动态跃迁分析的基础上，采用空间误差模型和空间滞后模型讨论了环境规制强度对环境污染的影响。

第二，基于地方政府环境规制决策的博弈分析，从地方政府、居民、企业三大主体的行为分析出发，以地方政府效用最大化为前提得到地区环境规制的反应函数，并采用了空间 Durbin 模型对我国省际环境规制决策的影响机制进行了空间计量分析。

第三，借鉴国外区域环境规制的实践经验，结合中国区域环境规制的探索，构建区域环境规制的合作机制，破解地方政府环境规制失效和"集体行动的困境"。

# 第 2 章

# 理论回顾与文献综述

本书的文献研究以环境污染和环境规制为主线展开。环境库兹涅茨曲线（EKC）为经济增长与环境污染关系的研究提供了基本框架，本书在对 EKC 的理论和实证研究梳理的基础上，对我国现有的环境污染空间差异的研究进行了总结。在对环境规制理论发展进行综述的基础上，对环境规制工具、环境规制微观宏观效应和效率以及环境管理体制的研究进行了梳理。最后，对地方政府环境规制竞争和合作的研究进行了总结。

## 2.1 环境污染与经济增长的关系

### 2.1.1 环境库兹涅茨曲线的理论和实证研究

环境污染是伴随经济发展而产生的，国内外学者对经济增长与环境污染的关系进行了大量的研究。Shafik（1994）[9]、Selden 和 Song（1994）[10]、Grossman 和 Krueger（1995）[11] 等学者提出了国民收入与环境污染之间存在倒"U"型曲线关系，即环境污染在经济发展初期快于经济增长，而在经济发展到一定阶段，环境污染增加的速度将会慢于经济增长的速度，这就是通常所说的环境库兹涅茨曲线（Environmental Kuznets Curve，EKC）关系。很多学者通过选择某些具体国家或地区的经济增长和环境质量数据来验证 EKC 假设，但是结论因实证方法和研究区域的不同而有显著差别，Selden 和 Song（1994）、Galeottia 和 Lanza（2005）[12]的研究认为经济增长与环境污染之间符合 EKC 的倒"U"型曲线；Holtz 和 Selde（1995）[13]、Friedl 和 Getzner（2003）[14]的研究则认为随着经济的增长，环境污染最终将会加剧，而 Stern 和 Common（2001）[15]、Harbaugh，Levinson 和 Wilson（2002）[16]，Richmond 和 Kaufmann（2006）[17]等学者研究认为经济增长与环境污染之间并不存在显著的环境库兹涅茨曲线关系。

国内学者对我国经济增长与环境污染之间的关系也进行了大量的实证研究，刘荣茂等（2006）[18]、林伯强（2009）[19]、王立平等（2010）[20]分别采用不同的污染物指标，研究结果显示我国近年来的经济发展和环境污染排放符合 EKC 倒"U"型曲线，认为我国环境污染状况将随着经济的进一步增长而有所改善；袁正和马红（2011）[21]利用跨国截面数据考察 EKC 曲线，认为我国的人均国民收入与环境拐点还相距甚远，主张慎言环境拐点；马树才和李国柱（2006）[22]、曹光辉等（2006）[23]研究显示我国的环境污染随着经济增长而将会进一步加剧，张红凤（2009）[24]、朱平辉（2010）[25]的研究则显示，经济增长与部分污染物排放呈现出倒"U"型关系，部分则为倒"N"型趋势，可以看出研究的结论基于不同污染物而有所不同。

此外，学者们从外商直接投资、贸易、技术等多个维度，探讨了各类 EKC 的形成机制。就外商直接投资对东道国或地区环境的影响而言，主要有"污染天堂"效应（Eskelan & Harrison，2003[36]；Cole & Elliott，2005[27]）和"污染光环"效应（Cole，Elliott & Strobl，2008[28]）两种截然不同结论。Markusen（1999）[29]、List 和 Co（2000）[30]的研究认为发展中国家在经济发展的初期阶段，为了吸引外资常常会放松环境管制，污染企业就会选择在环境标准较低的发展中国家进行生产，因此成为发达国家的"污染天堂"；Antweiler 等（2001）认为吸引外商投资不会导致东道国环境污染的恶化，反而会促进其环境质量的改善[31]；包群等（2010）则认为外商投资的环境效应取决于规模效应与收入效应的综合作用，在环境质量是正常商品的一般情形下 FDI 与东道国环境污染之间具有倒"U"型曲线关系[32]。就中国的实证研究而言，He（2006）[33]和陈凌佳（2008）[34]分别采用中国省际和城市面板数据，分析了二氧化硫排放量与 FDI 的关系，结果表明 FDI 对我国的生态环境具有一定的负面效应。但是，刘荣茂等（2006）[35]采用 1991～2003 年中国省际面板数据，分析得出 FDI 与我国"三废"排放为负向关系，Zeng 和 Eastin（2007）[36]采用 1996～2004 年的中国省际面板数据，分析得出 FDI 对我国的污染治理产生积极作用的结论。许和连和邓玉萍（2012）采用空间计量方法分析了 FDI 对我国环境污染的影响，研究表明 FDI 在地理上的集群有利于改善我国的环境污染，从整体上来说"污染天堂"假说在中国并不成立[37]。盛斌和吕越（2012）从工业行业面板数据的实证研究得出 FDI 无论是在总体上还是分行业上都有利于减少我国工业的污染排放[38]。Cole，Elliott 和 Zhang（2011）采用中国主要城市面板数据，将中国的 FDI 按来源分为我国港澳台地区投资与其他国家投资，研究认为来自其他国家的投资对中国的环境保护有积极影响，港澳台地区投资有温和的积极影响，国内企业则加剧环境污染，同时对中国的环境污染与经济增长之间的 EKC 进行了验证，认为中国尚未形成倒"U"型曲线，环境污染不会随着经济增长而必然减少，需要通过实施有效的政策来扭转环境恶化的趋势[39]。

关于贸易与环境的关系，学者们通常从规模效应、技术效应和结构效应三个方面来考察（Grossman & Krueger，1991[40]；Copeland & Taylor，1994[41]），认为贸易对东道国环境治理既有积极的影响也存在不利的影响。随着近年来中国贸易的高速增长，对中国贸易开放与环境关系的研究也引起了学者的关注，Dean（2002）[42]发现贸易开放产生的结构效应增加了中国水污染，牛海霞和罗希晨（2009）[43]研究发现经济增长与加工贸易是环境污染的主要原因，彭水军和刘安平（2010）的研究表明，整体而言我国出口品比进口品更清洁，当前阶段参与国际贸易有利于我国污染减排，"污染避风港"假说在我国不成立[44]。

就技术而言，Stokey（1998）[45]认为环境库兹涅茨曲线形成的过程本身就是内生技术进步的过程，Wils（2001）[46]和 Czech（2008）[47]认为太多创新仅仅停留在探索和采掘层面而不是最终用途上，因此不可能通过技术进步调和经济发展与环境保护之间的矛盾。Jaffe 等（2000）研究认为技术变革速度及其方向影响社会和经济活动的环境效应，有的新技术不仅能改变传统生产方式，还可以改善环境污染[48]。魏巍贤和杨芳（2010）研究认为自主研发、技术引进对我国 $CO_2$ 的减排具有显著的促进作用，但自主研发对引进技术的吸收能力较低，同时技术引进和自主创新对我国二氧化碳排放的影响表现出明显的地区差异[49]。李斌和赵新华（2010）研究发现我国科技进步过程中出现了不平衡的发展，效率进步只对环保型经济具有促进作用，纯效率技术进步对能源节约产生明显副作用，而对环境保护不产生影响；规模效率技术进步和中性技术进步只对环保经济产生正面影响，非中性技术进步只对能源节约型经济产生促进作用[50]。成艾华（2011）研究认为中国工业减排中环境技术效应对环境净效应贡献较大，结构调整效应对环境的改善并不大，从各年度环境净效应的分解结果来看，环境技术效应在各年度均发挥了主要作用[51]。徐圆和陈亚丽（2014）研究认为国际前沿环保技术存在对中国的溢出与转移，并且帮助了工业废水和$CO_2$的减排[52]。

## 2.1.2　中国环境污染及空间差异研究

对环境污染的研究除了结合经济增长、国际贸易、外商投资、技术进步等开展，学者们还对我国环境污染的区域差异进行了比较研究。蔡昉等（2008）[53]以二氧化硫排放量、许广月（2010）[54]以二氧化碳排放量为指标进行了测算，结果均显示东部地区和中西部地区的 EKC 曲线具有较大的异质性；宋涛等（2006）研究认为各类环境污染指标随收入变化的转折点出现位置有所差异，而且我国环境污染指标随收入变化存在明显的地区差异[55]；陈建国等（2009）用省际面板数据研究显示，我国的东、中部地区存在"污染光环"效应，而西部地区则符合"污染天堂"假说[56]；范俊韬等（2009）以 2006 年我国省际截面数据为基础，得出我国没有出现 EKC 曲线特征，而且经济越发达地区的环境污染越严重，东南沿海经济较发达地区人均污染物指标和人均 GDP 为正相关，中西部地区为随机分布，少数经济落后地区为负相关[57]。丁焕峰和李佩仪（2010）对全国及四大区域的区域污染整体形态进行定量对比分析，结果显示从区域污染整体形态来看，东部地区经济发展水平最高，污染也最为严重，中部地区污染水平一般，西部地区污染相对较轻，东北污染状况有所改善[58]。高红霞（2012）等对我国各省 EKC 曲线拐点进行了预测，得出我国各区域拐点到来时间存在很大差异[59]。袁晓玲等（2013）通过构建环境质量综合评价体系，对我国各省市区的环境质量进行动态综合评价，结果显示从环境总量视角评价，西部最好，从经济发展的环境代价视角评价，东部最小，而从人均污染物排放视角评价，西部最多[60]。

近年来，随着空间经济学的发展，空间因素被引入了经济活动的分析框架中。Anselin（2001）[61]从多个角度探讨了空间因素对于环境经济问题研究的重要作用。Rupasingha 等（2004）[62]运用空间计量方法对大气、水污染等问题进行了实证分析，从研究的结果可以看出空间变量的引入大大地提升了计量模型的准确度。Maddison（2006）[63]以二氧化硫、二氧化氮等污染物作为环境质量指标，研究发现环境污染以及治理都存在显著的空间效应。Hossein 等（2011）[64]以二氧化碳和PM10为指标分析亚洲国家空气污染分布，结果表明两类污染空间效应确实存在，而且空间因素不容忽视。对中国的实证研究，Poon 等（2006）[65]以二氧化硫和烟尘为研究对象分析中国大气污染问题，发现环境污染在中国省域之间确实存在显著的空间效应。王立平等（2011）运用空间动态面板模型研究显示中国环境污染存在显著的空间相关性，基于地理权重的估计模型明显优于经济权重模型，即造成中国环境污染溢出的主要原因是地理因素而非经济因素[66]。吕健（2011）的研究显示我国省域经济增长存在全局空间自相关和局部空间自相关，废渣污染的减少在较大程度上推动经济增长、废气污染大的工业对经济增长的贡献较大，并有不断增加的趋势；废水污染大的工业对经济增长的贡献不显著[67]。吴玉鸣和田斌（2012）利用2008年中国省域截面数据，选取了包括噪声污染等六类环境污染指标，分析省域环境污染的空间相关性、EKC的形状及决定因素，发现我国省域环境污染存在明显的空间依赖性和空间溢出效应，高—高和低—低集聚区占据主导地位[68]。刘洁和李文（2013）研究表明环境污染在我国地理空间上具有空间联动性，环境污染受到相邻地区溢出效应的影响显著[69]。

马丽梅和张晓（2014）针对大气污染的主要污染物 PM10 进行研究，发现中国北方部分地区出现高—高类型的集聚，主要集中于北京、天津等 9 个省份，南方部分地区出现低—低类型的集聚，主要集中于广东、海南等 5 个省份，虽出现个别年份的波动，但从长期看，各集聚区均处于较稳定状态[70]。

## 2.2　环境规制的基础理论研究

环境规制相关理论的研究是近年学术研究的热点，现有的研究主要集中在环境规制理论的演变、环境规制工具选择、环境规制的体制等方面。

### 2.2.1　环境规制理论的发展

环境对人类的生存和发展具有重要意义，环境问题产生的经济根源在于负外部性，加之环境资源的稀缺性以及产权不确定性带来的交易费用昂贵，为环境规制提供了充足的依据。随着信息理论的发展，信息对称条件下和不对称条件下的环境规制引起了学者的讨论，根据规制理论的变迁，国内外学者先后运用公共利益规制理论、规制俘虏理论、激励性规制理论等相关理论逐步完善了环境规制理论。

公共利益规制理论认为市场失灵是引起政府规制的主要原因，政府代表着社会公共利益，要对市场不公平或者无效率的行为进行规制。但学者发现规制使部分厂商利用政府权力为自己谋取利益，整个规制过程实际上被个人和利益集团所利用（Stigler，1971[71]）。学者们在对市场失灵的基础上，通过对规制结果和经济有效性进行分析（Peltzman，1976[72]），发现政府规制可能会增加较大利益集团的利益（Beeker，1983[73]）。规制俘虏理论有历史的进步性，但仍然受到质疑。激励性规制理论产生于 20 世纪 70 年代至 80 年代，实现了对传统规制经济学的突破，其关注重心是如何规制及设计激励机制，即在保持原有的规制结构条件下，正面诱导企业提高生产效率和经济效率[74]。为避免政府环境规制决策行为不被利益集团影响，同时促使企业消减污染，Roberts 和 Spence（1976）设计了一种排污许可证加排污费或补贴的政策[75]，Laffont 和 Tirole（1991）认为要制定激励机制来提高规制机构被俘获的成本[76]。波特（Porter，1991）认为恰当的机制设计可以激发被规制企业技术、管理创新，从而产生竞争优势[77]，并在进一步研究总结的基础上提出了"波特假说"，进一步丰富了环境规制理论。

## 2.2.2 环境规制工具的选择

关于环境规制工具的研究中，学者讨论较多的是各种规制工具的优缺点和组合运用。对于环境规制工具，不同的学者有不同的分类。Bemelmans 等（1998）[78]认为可以分为经济激励、法律工具和信息工具；马士国（2007）将环境工具分为命令—控制型环境规制、基本类型的市场化环境规制和衍生型的市场化环境规制[79]。其中，命令控制型环境规制工具因为具有容易操作、见效快等特点，所以得到了最为广泛的使用，但是，Atkinson 和 Lewis（1974）[80]、Tietenberg（2001）[81]认为与市场型环境规制工具相比而言，命令控制型规制工具最大的缺点是实施成本很高。

基于市场的环境规制工具主要有环境税（费）、排污权交易、政府补贴和押金返还等。Malueg（1989）认为基于市场的环境规制工具能够避免在运用中的信息不对称问题，节省信息成本，同时企业采用先进技术将减少污染排放、节约能源，进而较少缴纳排污税（费）或者取得政府补贴而降低成本[82]。环境税有较强的激励作用，提高政府收入来源，但是税率并不好设定，Ng（2004）提出了用边际减污成本代替边际减污收益的方法，来设计具有合意特性的排污收费工具[83]。Tietenberg（2001）指出排污权交易制度允许排污许可证自由交易，这样排污者之间可以通过购买许可证来选择排放量，从而达到治污成本最优化，但是市场交易成本、排污者策略行为等会影响排污交易制度的效率[84]。Kohn（1985）认为排放补贴是除环境税和排污权交易制度之外的又一种规制工具，补贴增加了企业的利润，延迟了企业的退出，使得排污总量增加[85]。除了以上基本规制工具，还存在着一些更为复杂的工具。Requate 和 Unold（2001）提出了多阶段排污收费和多种类型的排污许可的混合工具，即对于不同的排污量区间征收不同水平的排污费，不同类型的许可证采用不同的价格[86]。押金—返回制度是一种混合制度，潜在排污者购买物品时先支付押金，如果到期物品能收回就可以退还押金，它具有节省监测成本的优势，但是应用范围有限（Fullerton & Kinnaman，1995[87]）。此外，Arimura 等（2008）[88]研究表明在处理自然资源使用、固体垃圾、污水排放等污染物等方面，国际 ISO14001 认证标志是有效的。

　　国内学者对环境规制工具的运用也进行了广泛的研究。沈满洪等（2001）对庇古手段与科斯手段、庇古手段中的税收手段与补贴手段、科斯手段中的自愿协商手段与排污权交易手段进行比较研究，认为在管理成本较低而交易成本较高的情况下，适合运用庇古手段，反之适合运用科斯手段[89]。马士国（2009）认为环境政策的制定并不是在各类环境规制工具之间进行简单的选择，各种规制工具组合使用更有效率[90]。李婉红等（2013）通过对我国216家造纸及纸制品企业的实证研究表明，命令—控制型规制工具对企业末端治理技术创新具有显著的正向影响，市场化型规制工具对企业绿色工艺创新和末端治理技术创新具有显著的正向影响，相互沟通型规制工具对企业绿色产品创新和末端治理技术创新具有显著的正向影响[91]。李斌和彭星（2013）研究表明市场激励型环境规制工具比命令—控制型环境规制工具更能促进环境技术进步和环境技术创新，减少污染排放[92]。就具体的环境规制工具运用效率而言，中国地区间也存在差异，高树婷等（2014）对我国 31 个省市区 2005～2010 年的排污费征管效率变化状况进行测算，结果表明 2005～2010 年全国征管效率水平呈逐年提高趋势，各省之间征管效率存在一定的差异，其中北京、天津等 12 个省市始终征管有效，而云南、安徽等 19 个省市远离效率前沿面[93]。

## 2.2.3 环境规制管理体制

基于环境规制的理论研究，学者们还根据中国的现实深入探讨了环境规制体制问题。杨朝霞（2007）考察中国现行环境行政管理体制，认为存在环保机构的组织结构不合理、环保部门地位尴尬，协调机制欠缺等问题[94]。齐晔等（2003）把地方政府环境监管中存在的问题归纳为"三无力"，即环境监管无动力、无能力、无压力，无动力指地方政府缺乏主动进行环境监管的动力，或者说对于地方政府而言主动进行环境监管缺乏正向激励；无能力是指地方政府缺乏进行环境监管的人力、技术、财力和机制，因而常常造成监管能力不足；无压力主要是指缺乏社会公众对于政府的有效压力使其必须行动[95]。王洛忠（2011）认为改革开放以来，我国的环境管理体制历经四次大的改革，仍然存在着机构设置不科学、职能配置不合理、运行机制不顺畅等问题，需要自上而下地完善环境管理立法体系，推动环境管理司法创新，明确界定统管部门与分管部门的环境管理职责，合理划分中央政府与地方政府的环境管理权限，积极引入多元化的环境管理政策工具[96]。郇庆治和李向群（2012）[97]分析了中国环境保护部六个区域环保督察中心的组织结构和功能，并以位于广州的华南环保督察中心为例论述了实际运行中的问题，发现环境保护部、华南环保局督察中心和当地政府之间仍未形成定义清晰、合作密切的关系。石淑华（2008）介绍了美国环境规制体制、规制手段、规制政策等方面的变化与创新，并对中国的环境规制体制改革提出了建议[98]。

## 2.3　环境规制的效应和效率研究

环境规制是政府为解决市场微观经济活动的负外部性而对市场机制的一种补充，其微观效应主要作用于微观经济主体，微观效应通过作用于产业结构和外向经济等媒介而产生宏观效应。

### 2.3.1　环境规制的微观效应

环境规制对微观企业生产率的影响，目前存在着两种观点：第一种观点认为环境规制会导致企业绩效下降；第二种观点则认为合理的环境规制将会激励企业进行技术革新，从而提高生产效率。Porter（1991）认为在环境规制过程中，恰当的环境政策设计，可以激发被规制企业的自主创新，可能会产生绝对优势，从而会提升企业绩效，提高企业生产率[99]。1995 年，Porter 和 van der Linde 进一步完善了上述观点，将动态创新机制引入分析框架中，认为通过严格的环境规制将促使企业进行技术和组织创新，产生"创新补偿"和"先动优势"效应，从而提高企业生产效率和市场竞争力，最终实现地区环境保护与企业生产效率提升的双赢[100]，这一理论后来被称为"波特假说"。

诸多学者尝试为"波特假说"提出的推论提供理论支撑，Xepapadeas 和 Zeeuw（1999）利用经典资本模型研究排污税对企业资本构成的影响，发现排污税会对企业利润带来负面影响，但税收有助于淘汰陈旧的企业资本从而提高整个行业的平均生产率[101]。但从实证研究来看，既有支持的观点又有反对的观点，持反对观点的学者分别对美国电力企业、化工、钢铁、造纸等行业的数据研究显示环境规制引发了生产率的下降（Gollop & Robert，1983[102]；Barbera & McConnell，1990[103]）；支持的实证有 Berman 和 Bui（2001）[104]利用美国洛杉矶石油炼油厂的微观数据，发现与没有受到空气质量规制影响的炼油厂相比，被规制的炼油厂全要素生产率有了显著提升，此外 Murty 和 Kumar（2003）[105]对印度水污染行业、Hamamoto（2006）[106]对日本制造业的数据的研究结果均为"波特假说"提供了佐证。从中国的实证研究来看，Dasgupta 等（2001）[107]对中国江苏省镇江污染企业环境绩效进行了考察，发现政府环境监管能减少总悬浮固体和化学需氧量引起的水污染，这说明与排污收费相比，监管对企业环境绩效更具有决定性的影响；徐晋涛等（2003）使用中国造纸企业有关污染排放和排污收费数据，分析环境规制政策对污染排放和生产率等的影响，结果显示排污收费政策使得企业污染排放大大降低，同时造成了部分小企业生产率的下降，但大多数技术先进的大企业生产率得到了提高[108]。张三峰和卜茂亮（2011）基于中国城市的微观企业调查数据，考察了环境规制对企业生产率的影响，结果表明环境规制强度的提高、环保投入的增加能显著提升企业生产率[109]。涂红星和肖序（2013）以中国六大水污染密集型行业上市公司作为研究对象，实证分析了环境规制对上市公司绩效的影响，研究结果发现，环境管制并没有降低水污染密集型行业的经济绩效，除个别行业外，环境管制对绝大多数行业的经济绩效都具有显著促进作用；环境管制对国有控股企业绩效的影响高于非国有控股企业，中西部地区企业高于东部地区企业[110]。于文超（2014）利用世界银行 2005 年在中国 120 个城市的企业调查数据，研究结果表明从地区差异而言东部地区的企业"波特假说"成立，但中西部地区企业的"波特假说"不成立[111]。

## 2.3.2　环境规制的宏观效应

就环境规制对技术进步的影响而言，Lanjouw 和 Mody（1996）[112]研究认为环境规制的引入导致全球 20 世纪 70 年代至 80 年代在环境技术上的创新和扩散，同时大部分发展中国家的环境技术创新主要体现在对进口环境技术的改造上。Popp（2006）通过美国等国家空气治理和技术创新的实证研究，验证了环境规制能刺激更多的直接相关的专利申请，另外，也指出这种专利数的增长往往有地域区别，即限于颁布和执行该环境政策的国度[113]。李强和聂瑞（2009）根据中国的数据研究显示，虽然并未在环境规制和外观设计专利之间发现显著的相关关系，但是环境规制对核心创新指标产生了显著的正影响[114]。张成和陆旸（2011）以中国省际工业部门的数据为样本，发现环境规制强度和企业生产技术进步之间在东部和中部地区呈现出 U 形关系，但在西部地区尚未形成在统计意义上显著的 U 形关系[115]。张晓莹和张红风（2014）研究认为环境规制对技术进步存在滞后效应，从长期来看环境规制水平可以提高技术进步[116]。

就环境规制对微观企业的技术创新影响而言，许庆瑞等（1995）[117]对江浙五十余家企业环境技术创新进行了案例分析，发现企业进行环境技术创新的动力主要来源于政府实行强制性环境规制政策；赵红（2008）采用中国 30 个省份大中型工业企业的面板数据,研究显示环境规制对滞后期的科技投入强度、专利授权数量以及新产品销售收入比重有显著的正效应,表明环境规制在中长期对中国企业技术创新有一定的促进作用[118]。王国印和王动(2011)研究发现环境规制对即期专利申请数量有显著正效应,对滞后期的研究经费支出有显著负效应,同时"波特假说"在较落后的中部地区得不到支持,但在较发达的东部地区则得到了很好的支持[119]。

纵观环境规制对国际贸易的影响,在理论方面,Long 和 Siebert(1991)[120]通过构建对外开放状态的一般均衡模型,证明不同的环境规制水平会给企业带来不同的资本回报率,导致企业将资本配置在资本回报率较高的国家,资本转移行为会在资本收益率达到均等状态时停止,这为以后的分析建立了基础。关于环境规制对进出口贸易的影响主要有两种不同观点,第一种观点认为严格的环境规制会对东道国的出口贸易产生不利影响,增加本国出口产品的成本,削弱本国出口产品的竞争力,发生环境规制成本的贸易转移效应。van Beers 和 van den Bergh(1997)[121]基于 1992 年 21 个 OECD 成员国的数据,发现成员国实行相对严格的环境规制政策会带来出口量下降,进口量上升;Xu(2000)[122]以 1990 年 20 个国家的数据研究发现,环境规制水平的提升会导致总出口特别是环境敏感商品的出口量减少。强永昌(2006)[123]通过运用中国的实证资料对环境规制要素配置的转移从定性和定量两个方面进行阐释,最后针对中国加入 WTO 后的新环境和新规则,结合国际经验提出了对策建议。朱启荣(2007)研究表明我国出口贸易规模与工业排放量呈正相关,东部地区出口贸易额对工业污染物排放量的弹性明显低于中部和西部地区[124]。李玉楠和李廷(2012)研究认为环境规制对我国污染密集型产业出口贸易的影响显著,出口量和环境规制程度之间呈现出 U 形的关系[125]。第二种观点认为环境规制会促进企业技术创新，提升产品竞争力，促进产业结构优化，形成创新贸易效应（Copeland & Taylor，1994[126]）。陆旸（2009）以 2005 年 95 个国家的总样本和 42 个国家的子样本进行检验分析，结果表明环境规制没有影响污染密集型商品的比较优势，适度地提高环境规制水平可以促进污染密集型商品的出口竞争优势[127]。王传宝和刘林奇（2009）基于中国的实证检验显示，环境管制相对力度与出口相对竞争力有显著的负向影响，环境管制力度对出口有显著正影响[128]。此外，李怀政（2011）[129]、李小平等（2012）[130]认为适度提高环境规制水平有助于我国取得出口竞争优势。

### 2.3.3　环境规制和环境效率

环境效率又称为生态效率，译自英文的 eco-efficiency，是"生态"或者"效率"两词的组合，意味着应该兼顾环境和经济两个方面的效率，促进企业、地区或者国家的可持续发展。按照环境规制效率评价标准的不同，大致可分为两类：

第一类是以环境规制的收益指标作为环境规制效率评价的标准，一般认为两者之间存在正相关关系，即收益增加则环境规制效率增加，收益减少则环境规制效率降低，而环境规制中收益类指标主要包括污染物的排放量、污染密集产业全要素生产率水平等，此类研究一般直接计量环境规制对于污染物排放的影响，或者环境规制对于污染密集产业的影响，有的还将环境规制与 EKC 曲线相结合进行分析。Panayotou（1997）运用国际数据研究表明环境规制能够减缓环境退化，并使 EKC 曲线变得扁平，可以减缓经济增长对环境造成的压力[131]。Dasgupta 等（2001）研究指出提高环境规制会降低污染排放水平，使 EKC 曲线的拐点提前出现并且降低峰值[132]。

　　第二类是结合环境规制的成本与收益指标来评价规制效率，又分为绝对效率评价与相对效率评价。环境规制绝对效率评价较为客观，但因环境规制收益指标货币化极为困难，所以实证领域的应用很少，目前环境规制效率评价主要是相对效率评价，常用的分析方法是数据包络分析方法（Data Envelopment Analysis，DEA），DEA方法在测算生态效率、不同废弃物管理系统绩效、不同生产技术的环境效率等方面应用广泛。就国内的研究来看，叶祥松和彭良燕（2011）对我国各地区 1999~2008 年环境规制效率进行实证研究，结果显示全国环境规制效率普遍较低，但呈现出上升的趋势，就区域差异来看，东部地区要高于中部地区，西部地区最低，其中环境规制效率最高的是广东、上海，最低的为青海、宁夏和新疆[133]。李静（2009）通过引入 SBM 模型处理非期望产出，测算了我国各省份环境效率，结果显示中西部地区环境效率与东部地区有着显著的差异，其中东部地区维持在 0.8 左右的高效率水平，中部只有 0.5 左右，而西部只有 0.35 左右[134]。宋马林和王舒鸿（2013）计算了 1992 年以来中国各省份的环境效率值，结论表明东部沿海地区和个别偏远省份环境效率较高，中部地区省份环境效率则比较低[135]。李静（2012）通过政策模拟的形式，探讨环境规制与地区环境效率的差异，研究发现如果政府政策更偏重于经济发展，而轻视环境保护，至少短期内可以显著地提高经济效益水平；而如果偏重于环境保护，则会损害效率水平，而且效率水平要比偏重于经济发展下降得更大；同时，无环境规制对应着较高的经济技术效率，而弱规则情境下环境效率没有明显的上升或者下降，只有当强环境规制情景时才会造成明显的环境效率损失[136]。沈能和王群伟（2015）利用 Meta-frontier 效率函数估算我国各区域环境效率，研究发现由于不同地区组群间环境生产技术有较大差异，导致环境效率呈现从东部到西部再到中部依次递减的格局，东部地区马歇尔外部性和雅各布斯外部性均较显著，地理邻接地区间的污染转移倾向较为严重[137]。

## 2.4　地方政府环境规制竞争和合作研究

### 2.4.1　地方政府竞争和环境规制

就环境规制的需求和供给而言，张红凤等（2012）认为，环境规制过程是在一定的环境规制制度下各个相关利益集团的博弈过程。在经济发展的不同阶段，各个利益集团的发展水平、组织能力、影响规制的能力和方式以及各自追求的目标等各有不同，从而决定对环境规制的需求和供给，而环境规制的需求和供给又共同影响到一国的环境规制目标和具体的环境规制选择机制[138]。Damania（2001）对环境规章政策的这种选择及结果进行了论证，认为实践中大多数发展中国家选择"先发展后治理"主要是由于政府观念落后或经济发展比环境保护更迫切，同时经济发展水平低，环境利益集团相对影响力小，不会对政府环境规制提供造成足够的压力[139]。

环境规制涉及政府、企业和公众等利益相关者，规制者主体之间如何通过博弈达到效益最大化，并实现经济和环境的协调发展问题是学界研究的重点。周业安等（2004）认为地方政府为了达到特定目标，一方面，会通过与上级政府讨价还价以获取更多资源和政策，另一方面，则通过各种手段与其他政府竞争，从而获得更多的资源流入[140]。Barrett（1994）[141]和 Kennedy（1994）[142]对不完全竞争市场下地方政府环境决策的非合作博弈进行了解析。张学刚和钟茂初（2011）认为政府环境管制政策的制定和执行实际上是相关主体之间的博弈，现有的分析中常忽视环境污染给政府带来的政治成本以及给企业造成的声誉成本，因此无法解释现实中存在的问题，今后环境质量的改善要注重能增加地方政府纵容污染的政治成本和企业污染造成的声誉成本损失的制度建设[143]。张倩和曲世友（2013）等对环境规制中政府与企业的各自策略行为进行了动态博弈分析，研究认为政府的排污税率、谎报罚金等指标以及企业自身的排污技术水平、排污谎报带来的声誉损失影响企业污染上报量、环境治理等环境策略，但是监管强度并不能直接影响企业的排污水平[144]。崔亚飞等（2009）研究了我国地方政府间的污染治理策略问题，认为环境保护经济措施的作用对象是企业或消费者个体，其政策效应的高低不仅取决于环境保护措施制定的科学性，更取决于政府行为选择[145]。潘峰等（2014）指出缺乏约束的地方政府很可能陷入环境规制决策的"囚徒困境"，而约束机制的引入可以引导地方政府的环境规制决策向"帕累托改进"的方向演化，通过降低环境规制成本、加大中央政府对地方政府的处罚力度以及提高政绩考核体系中环境质量指标的权重系数，可以促进地方政府环境规制的高效执行[146]。此外，还有一些学者通过博弈分析强调了环境规制中政府对企业破坏环境的违规行为进行处罚的重要性和必要性[147]。

就地方政府环境规制竞争对环境治理的影响而言，由于环境治理自身存在正外部性的特点，一个国家或地区的环境污染治理往往会带来周边国家或者地区环境质量的改善，因而国家或者地区间的竞争将会导致一些政府不愿意增加投入资金进行污染治理[148]。传统的环境联邦主义理论认为，地方政府之间的相互竞争可能会导致竞相放松环境监管标准，进而导致环境污染加剧的"竞次现象"（Esty，1996[149]）。Cumberland（1981）[150]、Wilson（1999）[151]、Oates 和 Portney（2003）[152]、Rauscher（2005）[153]均从不同侧面证实了地方政府为了争夺更多的企业投资，会采用降低环境标准的策略，实行较为宽松的环境规制政策，进而导致地方政府之间的"竞争到底"（race to bottom）现象 Gates（1988）[154]和 Wildasin（1989）[155]认为如果实行严格的环境标准，将会影响企业的投资，进而导致本地区税收收入减少，相应的环境治理财政支出也会相应减少，最终有可能导致当地环境保护降低规制水平，但也有研究认为政府竞争与环境恶化关系并不明显（Revesz，1996[156]；List A & Gerking，2000[157]；Potoski，2001[158]），还有学者认为地区环境规制竞争会提高环境质量，这种现象被称之为"竞争到顶"（race to the top）[159]。Markusen（1995）[160]通过提出一个两地区模型，从理论上说明"竞争到顶"效应的博弈过程。Fredriksson 和 Millimet（2002）通过对美国州级地方政府环境管制政策的对比研究发现，每个州的环境管制政策都会受到相邻州环境政策的影响，但是这种影响的效应并不完全一致，如果环境管制相对较为严格的邻州政府再次提高环境管制标准，将会有更多企业转移到本州，进而本州的污染物将会增加，如果环境管制相对比较松的邻州政府提高环境标准，可能会影响邻州的企业投资，但是这对本州的影响不大[161]。

　　国内学者对财政分权制度下中国地方政府环境规制也进行了大量研究。王永钦等（2011）[162]和陶然等（2009）[163]的研究表明，由于中国财政分权产生了地方政府的"块状竞争"，同时中央政府的政治集权导致了"条状竞争"，这两者相结合将会使地方政府官员为了政绩，放松环境管制而吸引更多的企业来本地投资，又不用承担当地环境破坏的后果，从而导致了大部分地区环境污染的加剧。杨海生等（2008）基于中国省际面板数据，使用空间计量分析方法研究表明，财政分权和当前政绩考核机制相结合，促使地方政府为了吸引更多的外来投资、劳动力等流动性要素而采取相互攀比的竞争性的环境保护政策，与此同时，这种攀比式的竞争呈现出从单一控制目标的粗放型策略向多元控制目标的集约型策略转化的动态特点，这也说明地方政府在环境规划决策时的自我约束机制正在加强[164]。李猛（2009）认为地方政府出于当地经济增长的需要，会放松对本地企业的环境污染治理，地方政府间的竞争行为将导致环保"软约束"的形成，而且地方政府间这种环境规制策略性行为受到本地区经济水平、财政分权和技术水平等因素的影响[165]。郭志仪和郑周胜（2013）分析了财政分权和政治晋升对环境污染的影响，研究显示财政分权程度越高，地方政府从经济增长过程中所获取的收入越多，工业"三废"排放量也就越大，同时政府和企业间存在的大量寻租行为会使工业污染排放量进一步增加[166]。张文彬等（2010）结合了我国经济分权和政治集权的制度背景，将实证研究的样本分为两期，研究显示在1998~2002年省际的环境规制以差异化策略为主，2004~2008年大多数环境规制的省际竞争行为趋优，逐步形成"标尺效应"[167]。朱平芳等（2011）的研究表明国内地方政府为保持本地的竞争优势，采用竞相降低环境规制的方式吸引外商直接投资的环境政策博弈显著存在，但环境规制对FDI的影响作用平均而言并不显著[168]。

## 2.4.2 地方政府环境规制合作研究

环境的公共物品特性及外部性，需要建立跨区域治理的有效机制，地方政府合作机制是解决跨行政区环境问题的重要途径。我国学者对地方政府环境规制合作展开了诸多研究，黄森等（2009）[169]对国际视野下区域环境治理进行了考察，研究了区域环境治理中国家和国际组织的利益诉求、行为模式及区域合作治理经验，并对区域环境治理进行了多层次博弈分析和机制设计。曾文慧（2007）[170]以产权理论为基础，对中国流域越界污染及其规制问题进行了实证研究，对我国跨界水污染的环境规章制度进行了探讨。
马强等（2008）[171]认为尽管我国部分地区已认识到跨行政区合作
的重要性，也开展了一些有益的探索和实践，但建立跨行政区的环
境管理协调机制研究显得不足，并通过借鉴国外的成功经验对我国
跨区域环境管理协调机制提出了建议。杨妍和孙涛（2009）[172]认
为跨界污染事件频频发生，反映了我国单一行政区污染治理方式与
环境污染外部性特点之间的矛盾，需要建立跨地域、跨流域治理的
有效机制，并提出完善地方政府合作的法制体系、建立合作行政、
转变地方政府关系模式等政策建议。刘洋等（2010）认为地方政府
作为利益主体面临着经济发展和环境保护的双重压力，并运用博弈
论理论从动态和微观的视角，分析了跨区域环境治理中地方政府间
的利益博弈过程和理性决策行为，为区域环境规制提出了建议[173]。
曹树青（2014）认为环境问题的特殊性要求按自然区域进行分区治
理，需要建立环境分区治理、区域环境整体治理、区域环境合作治
理和区域环境管理体制，四者有机联系才能建立有效的区域环境管
理体制[174]。近年来，随着大气污染问题的恶化，学者们也对我国
区域间大气污染治理的合作机制探索进行总结，并提出了相关建
议。谢宝剑和陈瑞莲（2014）[175]指出形成制度联动、主体联动和
机制联动的国家治理框架下的区域联动治理是应对区域大气污染的
必然选择，并据此提出构建涵括制度设计、具体机制和保障机制为
主要内容的区域大气污染区域联动防治体系，赵新峰和袁宗威
（2014）[176]以京津冀地区大气污染治理为例，对政府间大气治理政
策协调中存在的问题进行详细分析，并从经济基础、行政体制和协
调机制三个方面探究政策不协调的原因，并分别从价值层面、组织
架构、实现机制和利益平衡四个方面，探寻实现京津冀地区政府间
大气治理政策协调的破解之策。

## 2.5  文 献 述 评

　　环境问题是一个全球性的问题，环境规制也是近年来学术研究的热点，国内外学者在理论和实证方面进行了大量富有意义的研究，这些研究为本书研究的开展提供了丰富的参考。纵观现有的研究，可以发现存在以下几点不足：

　　首先，在进行环境污染的研究特别是对环境库兹涅茨曲线的验证时，采用不同的污染物指标会得出不同的曲线和结论。此外，现有文献环境污染的衡量指标常用二氧化硫、二氧化碳和PM10等气体排放物，常常忽略了废水、固体废物等污染物，在某种程度上影响了模型的解释能力。实践中，环境质量并不仅是某一类排放物导致的，大多是由于多种污染物综合影响而形成的，因此在考察环境污染问题时需要采用尽可能多的污染物指标综合成一个较为全面的指标，并分析综合指标和单一指标之间的差异，进而全面分析我国环境污染的效应。

　　其次，现有对环境污染与环境规制之间关系的回归分析，通常假定各研究区域的污染物排放是相互独立的，但是在现实中环境污染不仅受气候、地形等客观自然因素的影响，还受到区域经济发展、产业聚集和转移、城镇化进程以及对外贸易、科技进步等人文因素的影响，地区间环境污染具有很强的空间联动性，一个地区的环境质量必然会受到邻近地区污染排放的影响。如果不考虑空间相关性的影响，计量模型估计的准确性将会受到影响，也可能产生错误的参数检验。近年来，一些学者采用空间截面数据对二氧化硫、二氧化碳和PM10等污染物的空间效应进行了分析，但常常采用某一类污染物或者某一年的数据，缺乏对环境污染空间布局的纵向比较研究，同时对省际环境污染总体状况和空间差异进行系统研究的也较少。

再次，现有的文献较多的研究了环境规制对微观企业生产效率、地区技术进步、对外贸易及地区经济增长的影响，特别是对"波特假说"的形成机制和实证检验进行了大量的研究，但对环境规制政策本身以及影响环境规制政策的因素及作用机理等分析的较少；由于各地区资源禀赋、经济发展水平、产业结构等的差异性以及各地方政府不同的利益诉求，环境规制政策必然存在差异，现有的文献对地区间环境规制的空间差异进行比较研究得还不多。

最后，现有的研究指出了地方政府之间的竞争行为将导致环境规制的低效率，认为这是造成环境污染事故频发的重要原因，学者们对在中国地方政府环境规制过程出现的"集体行动的困境现象"进行了定性研究，但就中国的实证计量检验还不多，对影响地方政府环境决策的机理以及如何建立地方政府环境规制的合作机制的研究还不深入。

以上的不足为本书的研究提供了空间。

第 3 章

# 省际环境污染的综合
# 测度及空间特征

## 3.1 中国环境污染与经济发展

对于经济发展与环境污染的关系，环境污染库兹涅茨倒"U"型曲线（EKC）提供了较为成熟的参数分析方法，很多学者通过选取具体国家或地区的经济增长和环境质量数据进行实证分析以验证 EKC 假设，但是结论因实证方法和研究区域不同而有显著差别。除了使用这种参数回归模型对环境污染物排放量与地区发展水平指标的关系进行模拟外，还可以采用非参数分析方法。非参数分析是指在不考虑原总体分布或者不做关于参数假定的前提下，进行统计检验和判断分析的方法，该方法的好处在于它不依赖于任何先决的函数关系，避免了参数方法的方程形式的误设，具有较强的稳健性。

本书为了初步检验中国环境污染与经济发展之间的关系，采用 2000 ~ 2013 年我国省际面板数据，数据来源于 2001 ~ 2014 年的《中国统计年鉴》，各年人均地区生产总值以 2000 年为基期进行平减，运用非参数回归方法对工业"三废"（即工业废水、工业废气、工业固体废物，下同）与人均地区生产总值的关系进行非参数分析。从回归结果来看，工业"三废"与人均地区生产总值之间的确呈现出一定的 EKC 模式。

## 3.1.1　经济发展与水污染的关系

对我国 2000 ~ 2013 年除我国港澳台地区外的 31 个省份工业废水排放总量以及人均工业废水排放量与人均地区生产总值关系的非参数回归见图 3 - 1 和图 3 - 2。回归结果表明，随着经济的发展，水污染状况将逐渐得到好转，在经济发展水平较低的阶段，水污染随着经济增长呈现上升态势，当人均地区生产总值大约到达 7 万元后，地区经济的增长将有助于水污染问题的改善。

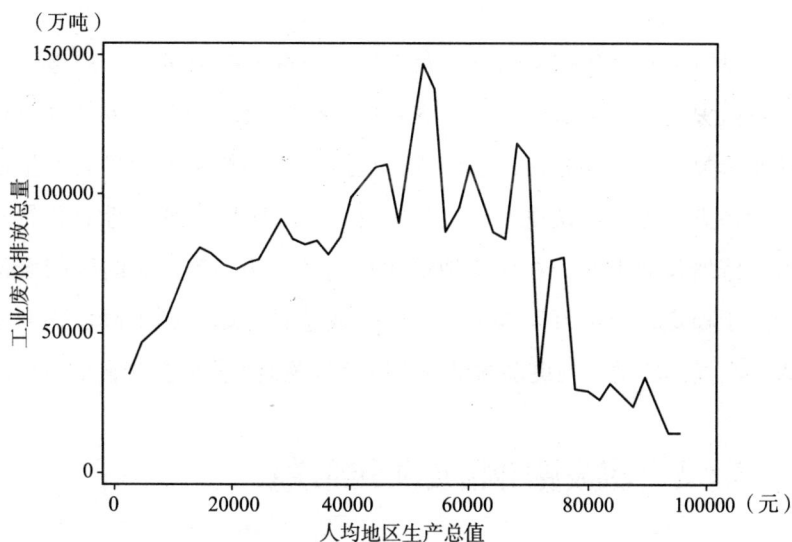

图 3 - 1　工业废水排放总量与人均地区生产总值间的非参数估计

（吨/人）

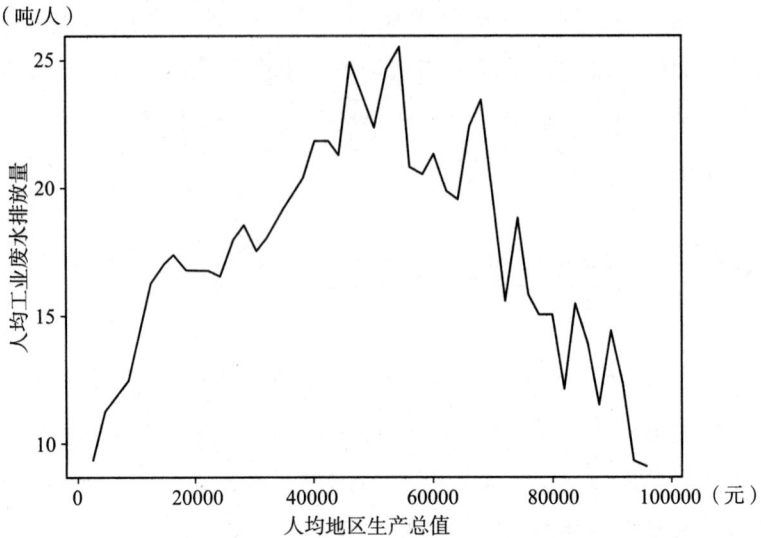

图 3 - 2　人均工业废水排放量与人均地区生产总值间的非参数估计

## 3.1.2　经济发展与大气污染的关系

我国工业废气排放总量以及人均工业废气排放量与人均地区生产总值关系的非参数回归见图 3 - 3 和图 3 - 4。与人均废气排放量的非参数回归结果相比，总废气排放量的回归结果更为显著的呈现环境污染的库兹涅茨倒"U"型曲线。初始阶段，废气排放总量随着经济增长而上升，在人均地区生产总值 3 万 ~7 万元的区间震荡中趋于稳定，至 7 万元以上，废气排放总量开始急剧下降。而对于人均废气排放量，则更多的呈现出频繁震荡但下降趋势缓慢的特征。

## 3.1.3　经济发展与固体废物污染的关系

我国工业固体废物产生总量以及人均工业固体废物产生量与人均地区生产总值关系的非参数回归见图 3 - 5 和图 3 - 6。回归结果

（亿标立方米）

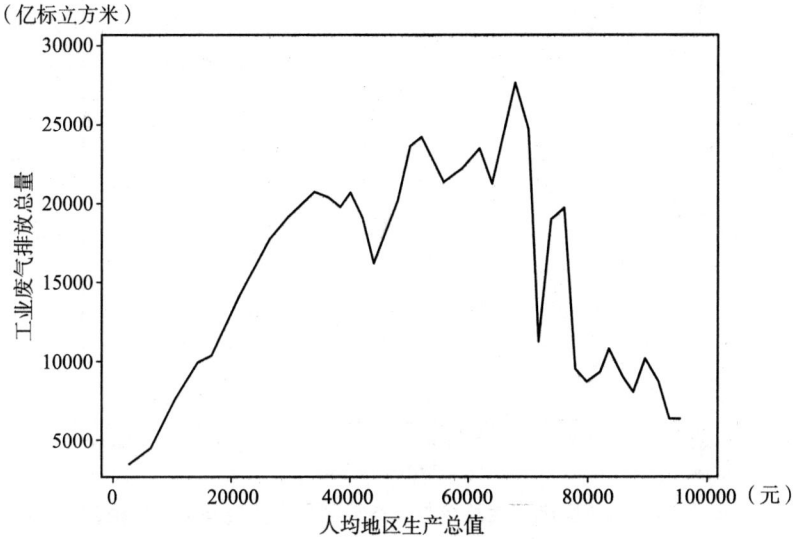

图 3 – 3  工业废气排放总量与人均地区生产总值间的非参数估计

（万标立方米/人）

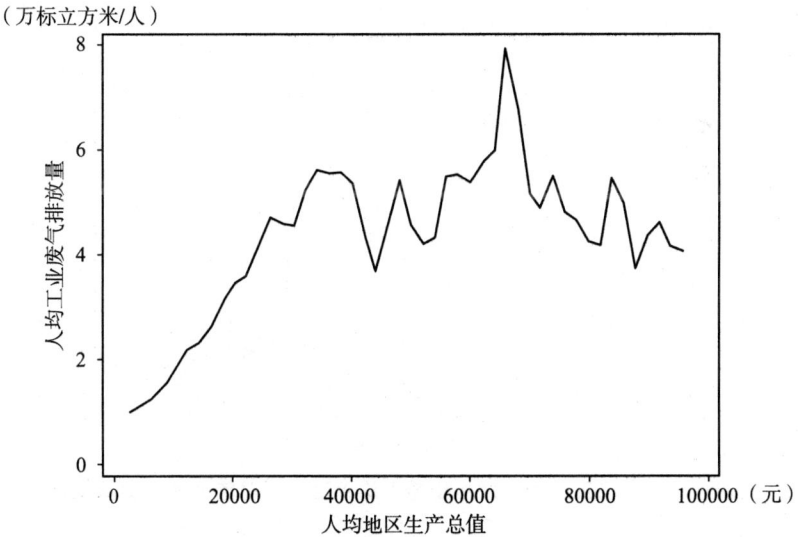

图 3 – 4  人均工业废气排放量与人均地区生产总值间的非参数估计

（万吨）

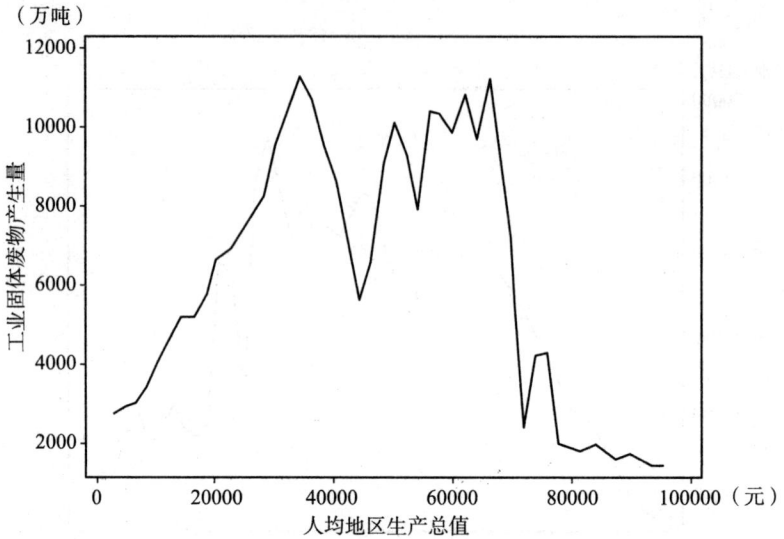

图 3 – 5 　工业固废产生总量与人均地区生产总值间的非参数估计

（吨/人）

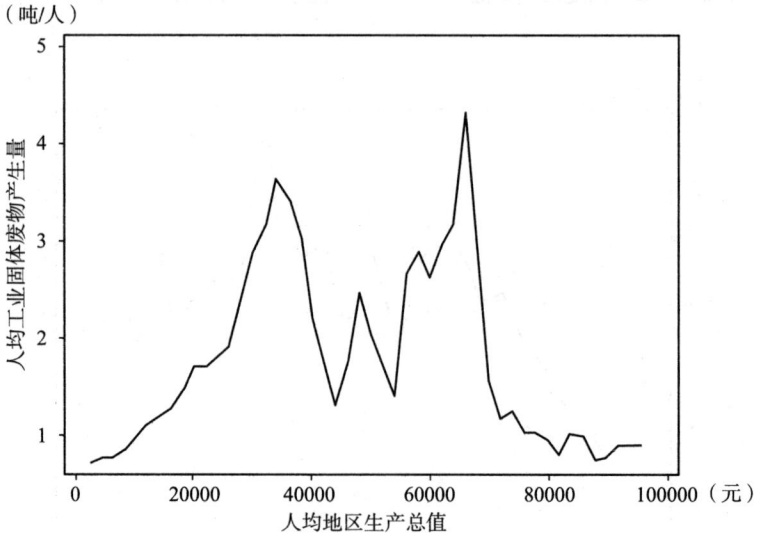

图 3 – 6 　人均工业固废产生量与人均地区生产总值间的非参数估计

表明，随着经济的发展，固体废物污染出现了两个比较明显的波动周期，一个周期是结束于人均地区生产总值达到 4 万元左右，另一个周期是从 4 万 ~ 7 万元，当人均地区生产总值超出 7 万元以后，无论是固体废物产生总量还是人均产生量，都呈现较为剧烈的下降趋势。

## 3.2　省际环境污染的现状及演进

### 3.2.1　水污染状况

#### 3.2.1.1　省际水污染的演进

为了从整体上反映我国省际环境污染排放在时间上的演进及空间分布差异，本书采用核密度估计（kernel density estimation）进行分析，核密度估计是用来估计未知的密度函数，属于非参数检验方法（Rosenblatt，1955；Emanuel Parzen，1962）。Kernel 密度的公式如下：

$$\hat{f}_K = \frac{1}{qh} \sum_{i=1}^{n} w_i K\left(\frac{x - X_i}{h}\right) \qquad (3-1)$$

其中，x 表示待估计的 Kernel 变量，n 表示样本的个数。$q = \sum_{i=1}^{n} w_i$，$w_i$ 表示权重，h 表示窗宽（bandwidth）。窗宽的选择有较多的方法，本书利用正态分布函数（Gaussian）作为 K 的选择。

图 3 - 7 和图 3 - 8 为我国 31 个省份 2000 ~ 2013 年中代表年份工业废水排放总量和人均工业废水排放量的分布及演化态势。Kernel 密度函数的中心呈现从左向右移动的态势，表明我国水污染排放整体上呈上升趋势；密度函数的峰值由大变小，表明水污染排放由低排放量的收敛向高排放量的发散演化。

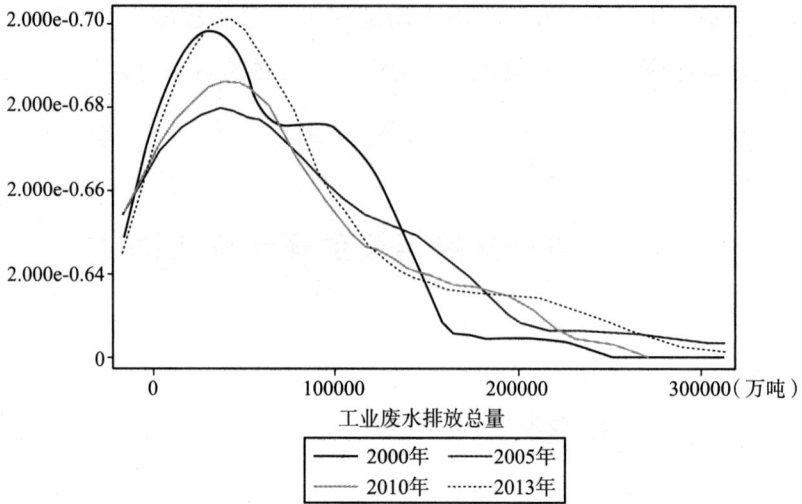

图 3 - 7　代表年份省际工业废水排放总量的 Kernel 密度分布

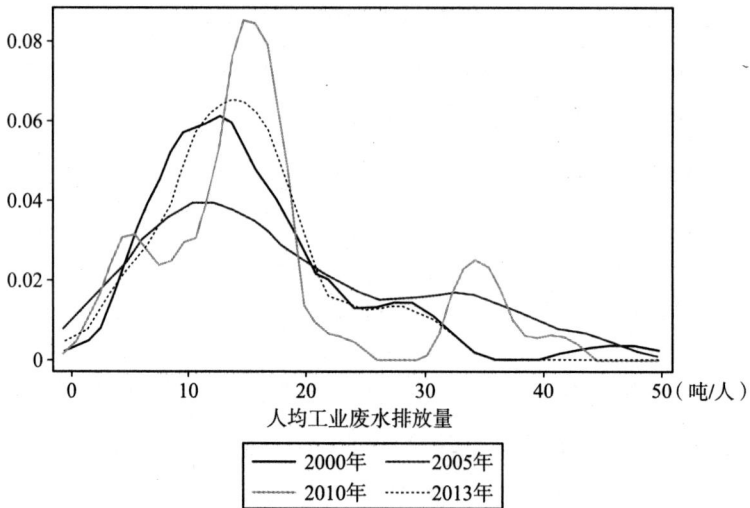

图 3 - 8　代表年份省际人均工业废水排放量的 Kernel 密度分布

### 3. 2. 1. 2　省际水污染排放的趋势分析

从 2000～2013 年各省份工业废水排放总量和人均工业废水排

放量的变化趋势来看（见表 3-1），全国 31 个省份中，北京、湖南、湖北、甘肃、辽宁、上海、四川、重庆、西藏、黑龙江、海南11 个省份的废水排放总量有所下降，其他 20 个省份均有所增加，人均废水排放的变化与总量变化基本一致，但是天津的废水排放总量增加而人均排放量呈下降趋势。基于省际水污染的变化趋势可以看出，我国水污染状况除在少数省份有所缓解外，整体上呈现恶化趋势。

**表 3-1　　　　　　2000~2013 年省际水污染变化表**

| 省份 | 工业废水排放总量 | | | 人均工业废水排放量 | | |
|---|---|---|---|---|---|---|
| | 2000 年（万吨） | 2013 年（万吨） | 增减幅度（%） | 2000 年（万吨） | 2013 年（万吨） | 增减幅度（%） |
| 北京 | 23164 | 9846 | -57.49 | 17.56 | 4.71 | -73.19 |
| 天津 | 17604 | 18692 | 6.18 | 17.96 | 12.96 | -27.87 |
| 河北 | 89600 | 109876 | 22.63 | 13.42 | 15.03 | 12.04 |
| 山西 | 32406 | 47795 | 47.49 | 9.97 | 13.20 | 32.42 |
| 内蒙古 | 21844 | 36986 | 69.32 | 9.22 | 14.83 | 60.85 |
| 辽宁 | 109044 | 78286 | -28.21 | 25.94 | 17.83 | -31.23 |
| 吉林 | 37386 | 42656 | 14.10 | 13.88 | 15.51 | 11.70 |
| 黑龙江 | 52644 | 47796 | -9.21 | 14.07 | 12.46 | -11.43 |
| 上海 | 72446 | 45426 | -37.30 | 46.03 | 18.94 | -58.84 |
| 江苏 | 201923 | 220559 | 9.23 | 27.56 | 27.81 | 0.91 |
| 浙江 | 136433 | 163674 | 19.97 | 29.81 | 29.83 | 0.04 |
| 安徽 | 63106 | 70972 | 12.46 | 10.33 | 11.81 | 14.39 |
| 福建 | 57617 | 104658 | 81.64 | 16.98 | 27.83 | 63.90 |
| 江西 | 41956 | 68230 | 62.62 | 10.02 | 15.12 | 50.82 |
| 山东 | 110324 | 181179 | 64.22 | 12.28 | 18.66 | 51.91 |
| 河南 | 109210 | 130789 | 19.76 | 11.72 | 13.90 | 18.64 |
| 湖北 | 106733 | 84993 | -20.37 | 17.84 | 14.68 | -17.70 |
| 湖南 | 112563 | 92311 | -17.99 | 17.35 | 13.85 | -20.19 |
| 广东 | 114055 | 170463 | 49.46 | 14.34 | 16.05 | 11.98 |
| 广西 | 81571 | 89508 | 9.73 | 17.73 | 19.04 | 7.41 |
| 海南 | 7064 | 6744 | -4.53 | 9.12 | 7.57 | -17.00 |

| 省份 | 工业废水排放总量 | | | 人均工业废水排放量 | | |
|---|---|---|---|---|---|---|
| | 2000 年<br>（万吨） | 2013 年<br>（万吨） | 增减幅度<br>（%） | 2000 年<br>（万吨） | 2013 年<br>（万吨） | 增减幅度<br>（%） |
| 重庆 | 84344 | 33541 | -60.23 | 27.36 | 11.34 | -58.55 |
| 四川 | 116979 | 64864 | -44.55 | 13.86 | 8.02 | -42.17 |
| 贵州 | 20598 | 22898 | 11.17 | 5.69 | 6.56 | 15.12 |
| 云南 | 35117 | 41844 | 19.16 | 8.28 | 8.95 | 8.12 |
| 西藏 | 1006 | 400 | -60.24 | 3.88 | 1.29 | -66.76 |
| 陕西 | 30903 | 34871 | 12.84 | 8.56 | 9.28 | 8.43 |
| 甘肃 | 23795 | 20171 | -15.23 | 9.32 | 7.82 | -16.13 |
| 青海 | 4661 | 8395 | 80.11 | 9.07 | 14.59 | 60.87 |
| 宁夏 | 10942 | 15708 | 43.56 | 19.8 | 24.14 | 21.89 |
| 新疆 | 15365 | 34718 | 125.96 | 8.31 | 15.44 | 85.86 |

资料来源：根据《中国统计年鉴》《中国环境统计年鉴》《中国环境年鉴》等资料整理。

### 3.2.1.3　省际水污染的空间布局

由于地理位置、资源禀赋、产业结构等的不同，我国各省份的水污染状况存在较大的差异，从 2013 年废水排放总量在我国各省份的分布来看，排放水平较高的省份主要集中在东部沿海地区和中部地区，而从人均废水排放量的分布来看，东部沿海地区水污染相对比较严重。

## 3.2.2　大气环境污染状况

### 3.2.2.1　省际大气污染的演进

图 3 - 9 和图 3 - 10 为我国 31 个省份 2000～2013 年中代表年份工业废气排放总量和人均工业废气排放量的分布及演化态势。无论是对于总量指标还是人均指标，2000 年的 Kernel 密度的峰值都

较高，且密度函数的中心所表示的排放量水平较低，说明大气污染呈低排放量的收敛态势。此后，Kernel 密度函数的中心不断右移，意味着大气污染总体上趋于加剧，且峰值不断降低，从空间上呈现出发散的态势。

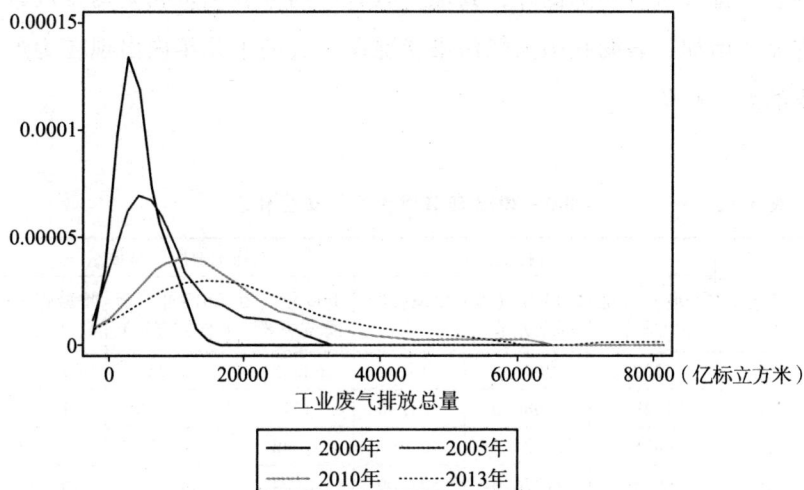

图 3 − 9　代表年份省际工业废气排放总量的 Kernel 密度分布

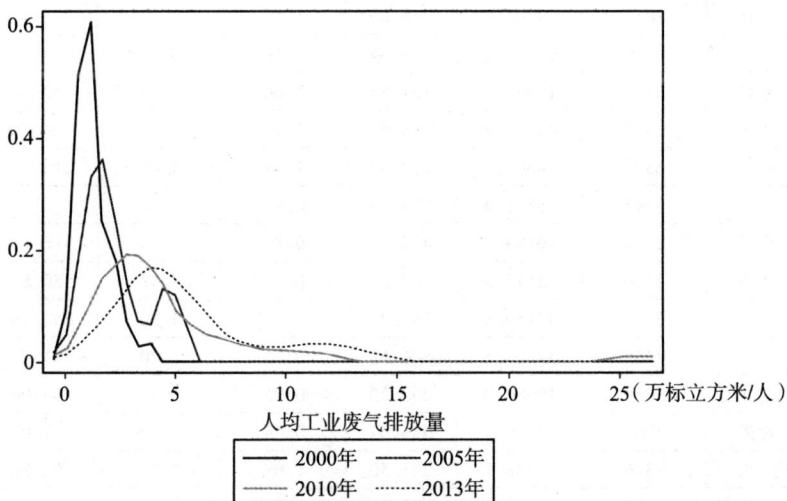

图 3 − 10　代表年份省际人均工业废气排放总量的 Kernel 密度分布

### 3.2.2.2 省际大气污染的趋势分析

从 2000~2013 年各省份工业废气排放总量和人均工业废气排放量的变化趋势来看（见表 3-2），全国 31 个省份中除北京的人均废气排放量有所降低外，其他所有省份的排放总量和人均排放量都显著增加，表明我国大气污染状况在过去的十几年内出现较为严重的恶化趋势。

表 3-2          2000~2013 年省际大气污染变化表

| 省份 | 工业废气排放总量 | | | 人均工业废气排放量 | | |
|---|---|---|---|---|---|---|
| | 2000 年（亿标立方米） | 2013 年（万标立方米） | 增减幅度（%） | 2000 年（万标立方米） | 2013 年（万标立方米） | 增减幅度（%） |
| 北京 | 3227 | 3692.2 | 14.42 | 2.45 | 1.76 | -27.84 |
| 天津 | 1749 | 8080.0 | 361.98 | 1.78 | 5.60 | 213.82 |
| 河北 | 9858 | 79121.3 | 702.61 | 1.48 | 10.82 | 633.32 |
| 山西 | 6635 | 41276.0 | 522.09 | 2.04 | 11.40 | 458.55 |
| 内蒙古 | 4768 | 31128.4 | 552.86 | 2.01 | 12.48 | 520.21 |
| 辽宁 | 9432 | 29443.5 | 212.17 | 2.24 | 6.71 | 199.01 |
| 吉林 | 3082 | 9803.6 | 218.09 | 1.14 | 3.56 | 211.40 |
| 黑龙江 | 4326 | 10622.0 | 145.54 | 1.16 | 2.77 | 139.52 |
| 上海 | 5755 | 13344.1 | 131.87 | 3.66 | 5.57 | 52.21 |
| 江苏 | 9078 | 49797.3 | 448.55 | 1.24 | 6.28 | 406.75 |
| 浙江 | 6509 | 24564.8 | 277.40 | 1.42 | 4.48 | 214.71 |
| 安徽 | 3945 | 28335.4 | 618.26 | 0.65 | 4.72 | 630.53 |
| 福建 | 2828 | 16183.2 | 472.25 | 0.83 | 4.30 | 416.33 |
| 江西 | 2220 | 15573.8 | 601.52 | 0.53 | 3.45 | 550.61 |
| 山东 | 12179 | 47159.8 | 287.22 | 1.36 | 4.86 | 258.18 |
| 河南 | 7436 | 37665.3 | 406.53 | 0.80 | 4.00 | 401.78 |
| 湖北 | 5674 | 19986.9 | 252.25 | 0.95 | 3.45 | 264.06 |
| 湖南 | 3569 | 17276.4 | 384.07 | 0.55 | 2.59 | 371.08 |
| 广东 | 8326 | 28433.7 | 241.50 | 1.05 | 2.68 | 155.86 |
| 广西 | 4607 | 21369.4 | 363.85 | 1.00 | 4.55 | 354.03 |

| 省份 | 工业废气排放总量 | | | 人均工业废气排放量 | | |
|---|---|---|---|---|---|---|
| | 2000 年（亿标立方米） | 2013 年（万标立方米） | 增减幅度（%） | 2000 年（万标立方米） | 2013 年（万标立方米） | 增减幅度（%） |
| 海南 | 434 | 4721.1 | 987.81 | 0.56 | 5.30 | 845.67 |
| 重庆 | 1908 | 9534.4 | 399.71 | 0.62 | 3.22 | 420.83 |
| 四川 | 4779 | 19760.6 | 313.49 | 0.57 | 2.44 | 331.27 |
| 贵州 | 3882 | 24466.5 | 530.26 | 1.07 | 7.00 | 552.69 |
| 云南 | 2749 | 15958.1 | 480.51 | 0.65 | 3.42 | 426.74 |
| 西藏 | 15 | 114.7 | 664.67 | 0.06 | 0.37 | 539.22 |
| 陕西 | 2379 | 16279.5 | 584.30 | 0.66 | 4.33 | 557.53 |
| 甘肃 | 2800 | 12676.7 | 352.74 | 1.10 | 4.91 | 347.94 |
| 青海 | 607 | 5620.6 | 825.96 | 1.18 | 9.77 | 727.04 |
| 宁夏 | 1445 | 8909.2 | 516.55 | 2.62 | 13.69 | 423.51 |
| 新疆 | 1944 | 18464.2 | 849.80 | 1.05 | 8.21 | 681.25 |

资料来源：根据《中国统计年鉴》《中国环境统计年鉴》《中国环境年鉴》等资料整理。

### 3.2.2.3　省际大气污染的空间差异

从 2013 年工业废气排放总量在各省份的分布来看，排放水平较高的省份主要集中在环渤海地区及其邻近的内蒙古、山西、河南、江苏等省份，而从人均废气排放量的分布来看，大气污染相对严重的区域向北收缩，同时新疆、青海也为人均大气污染水平较高的区域。

## 3.2.3　固体废物污染状况

### 3.2.3.1　省际固体废物污染的演进

图 3 – 11 和图 3 – 12 为我国 31 个省份 2000 ~ 2013 年中代表年份工业固体废物产生总量和人均固体废物产生量的分布及演化态

势。与 2000 年 Kernel 密度函数的峰值较高相比，2013 年呈显著下降趋势，即省际的固体废物污染水平呈现显著的分化，且从 Kernel 密度函数的中心值来看，固体废物污染也呈不断恶化趋势。

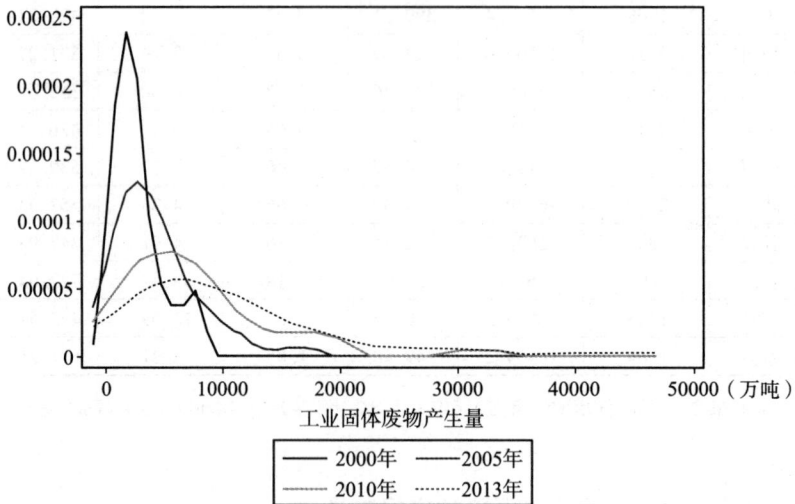

图 3 –11　代表年份省际工业固体废物产生总量的 Kernel 密度分布

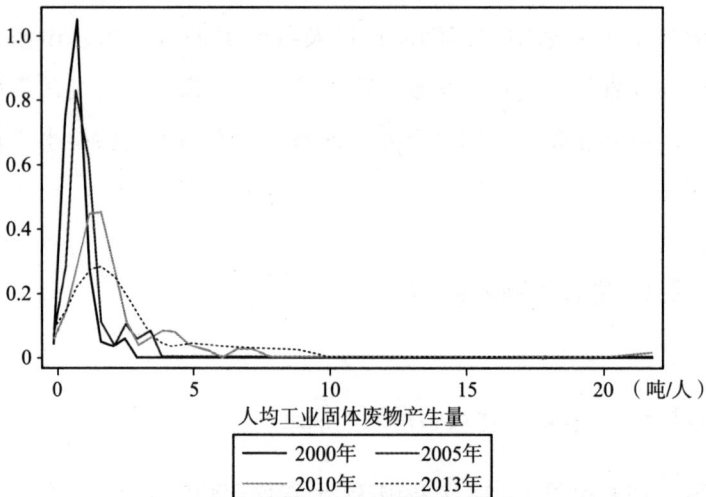

图 3 –12　代表年份省际人均工业固体废物产生量的 Kernel 密度分布

### 3.2.3.2　省际固体废物污染的趋势分析

从 2000～2013 年各省份工业固体废物产生总量和人均工业固体废物产生量的变化趋势来看（见表 3-3），与大气污染的整体变化趋势相似，全国 31 个省份中除北京和上海有所降低外，其他所有省份的产生总量和人均产生量都显著增加，表明我国固体废物污染状况也在不断地恶化。

表 3-3　　　　2000～2013 年省际固体废物污染变化表

| 省份 | 工业固体废物产生总量 | | | 人均工业固体废物产生量 | | |
|---|---|---|---|---|---|---|
| | 2000 年（万吨） | 2013 年（万吨） | 增减幅度（%） | 2000 年（吨/人） | 2013 年（吨/人） | 增减幅度（%） |
| 北京 | 1139.3 | 1044 | -8.36 | 0.86 | 0.50 | -42.20 |
| 天津 | 469.8 | 1592 | 238.87 | 0.48 | 1.10 | 130.19 |
| 河北 | 7027.9 | 43289 | 515.96 | 1.05 | 5.92 | 462.78 |
| 山西 | 7694.5 | 30520 | 296.65 | 2.37 | 8.43 | 256.13 |
| 内蒙古 | 2375.6 | 20081 | 745.30 | 1.00 | 8.05 | 703.02 |
| 辽宁 | 7562.5 | 26759 | 253.84 | 1.80 | 6.10 | 238.93 |
| 吉林 | 1604.4 | 4591 | 186.15 | 0.60 | 1.67 | 180.13 |
| 黑龙江 | 2693.7 | 6094 | 126.23 | 0.72 | 1.59 | 120.69 |
| 上海 | 1354.7 | 2054 | 51.62 | 0.86 | 0.86 | -0.47 |
| 江苏 | 3038.2 | 10856 | 257.32 | 0.41 | 1.37 | 230.09 |
| 浙江 | 1385.7 | 4300 | 210.31 | 0.30 | 0.78 | 158.77 |
| 安徽 | 2815.1 | 11937 | 324.03 | 0.46 | 1.99 | 331.27 |
| 福建 | 2190.5 | 8535 | 289.64 | 0.65 | 2.27 | 251.56 |
| 江西 | 4796.2 | 11518 | 140.15 | 1.15 | 2.55 | 122.72 |
| 山东 | 5407.3 | 18172 | 236.06 | 0.60 | 1.87 | 210.86 |
| 河南 | 3625.0 | 16270 | 348.83 | 0.39 | 1.73 | 344.62 |
| 湖北 | 2817.8 | 8181 | 190.33 | 0.47 | 1.41 | 200.06 |
| 湖南 | 2354.6 | 7806 | 231.52 | 0.36 | 1.17 | 222.63 |
| 广东 | 1694.3 | 5912 | 248.93 | 0.21 | 0.56 | 161.43 |
| 广西 | 2108.1 | 7676 | 264.12 | 0.46 | 1.63 | 256.41 |

| 省份 | 工业固体废物产生总量 | | | 人均工业固体废物产生量 | | |
|---|---|---|---|---|---|---|
| | 2000 年（万吨） | 2013 年（万吨） | 增减幅度（%） | 2000 年（吨/人） | 2013 年（吨/人） | 增减幅度（%） |
| 海南 | 94.9 | 415 | 337.30 | 0.12 | 0.47 | 280.16 |
| 重庆 | 1304.8 | 3162 | 142.34 | 0.42 | 1.07 | 152.58 |
| 四川 | 4714.2 | 14007 | 197.12 | 0.56 | 1.73 | 209.90 |
| 贵州 | 2271.8 | 8194 | 260.68 | 0.63 | 2.35 | 273.52 |
| 云南 | 3187.4 | 16040 | 403.23 | 0.75 | 3.43 | 356.62 |
| 西藏 | 17.1 | 362 | 2016.96 | 0.07 | 1.17 | 1669.66 |
| 陕西 | 2625.0 | 7491 | 185.37 | 0.73 | 1.99 | 174.21 |
| 甘肃 | 1703.8 | 5907 | 246.70 | 0.67 | 2.29 | 243.02 |
| 青海 | 336.7 | 12377 | 3575.97 | 0.66 | 21.51 | 3183.26 |
| 宁夏 | 478.7 | 3277 | 584.56 | 0.87 | 5.04 | 481.26 |
| 新疆 | 718.2 | 9283 | 1192.54 | 0.39 | 4.13 | 963.16 |

资料来源：根据《中国统计年鉴》《中国环境统计年鉴》《中国环境年鉴》等资料整理。

### 3.2.3.3　省际固体废物污染排放的空间差异

从 2013 年我国省际工业固体废物产生总量的空间分布来看，污染水平较高的两个区域，分别是环渤海地区及其邻近的内蒙古、山西、河南等省份；西部地区的青海、四川、云南三省。而从人均工业固体废物产生量的分布来看，北部地区为固体废物污染最为严重的区域。

# 3.3　省际环境污染综合水平的度量

## 3.3.1　环境污染综合水平测度指标的选择

基于上述"三废"环境污染指标的动态变化以及空间特征的分

析，一个地区的不同污染物排放量由于地理位置、资源禀赋、产业结构等多种因素的影响，呈现出不同的特征，因此，以某一具体的污染物指标对我国地区环境污染状况进行比较和评价，是不全面的。环境质量应由组成该环境的众多环境要素构成，任何单个指标都不能客观、全面反映当地环境污染状况，所以，需要综合各类环境污染度量指标，测算环境污染综合指数。

环境污染的测度主要包括"废水""废气""废固"等"三废"排放总量指标和"三废"中某些具体的污染物排放指标，根据数据的可得性、连续性、可比性等原则，本书选取工业废水排放总量、工业废水中化学需氧量排放量、工业废气排放总量、工业二氧化硫排放量、工业烟粉尘排放量、工业固体废物产生量等六类环境污染指标。对于环境污染程度的衡量，较为普遍的采用人均污染物排放指标，人均指标去除了人口规模等客观因素对环境污染评价的影响，具有较强的实用性，但是由于我国省际的自然地理特征、生态资源条件、人口密度等存在较大差异，采用人均污染物排放水平可能存在对人口密度较高地区环境污染程度的低估。环境污染具有一定的阈值，一旦突破不可恢复，因此一个地区的环境污染总量必须得到关注。与此同时，区域间人口大规模、频繁流动的趋势并不能从以户籍制度为基础的地区人口数据中得到反映，使得人均排放量受人口流动影响的部分不能得到体现（彭水军，2013[177]），从而也有研究采用了总污染物排放量指标（许和连和邓玉萍，2012[37]）。此外，单位 GDP 污染物排放指标也被用于环境污染程度的衡量，但是与人均污染物指标相似，也存在对经济发达地区环境污染程度的低估。为全面、客观的反映我国省际环境污染程度，本书采用因子分析法，测算基于各污染物排放总量的环境污染综合指数。

### 3.3.2　环境污染综合水平测度的实证方法

本书采用因子分析法处理六个环境污染指标，并将所获得的因子进行加权平均，得到测度环境污染综合水平的加权指数。

因子分析（factor analysis）是指将反映样本某项特征的多个指标变量转为少数几个综合变量的多元统计方法。因子分析的基本步骤如下：

第一，对数据进行标准化处理。由于不同污染物排放指标带有不同的量纲，样本的各指标间不具有可比性，因此在进行因子分析之前先将数据标准化，去除量纲对分析的影响。

$$x'_{ij} = \frac{x_{ij} - \bar{x}_j}{\sigma_j} \tag{3-2}$$

其中，$x_{ij}$为第 i 个省份的第 j 个指标的数值；$\bar{x}_j$为第 j 个指标全部省份的平均值；$\sigma_j$为全部省份第 j 个指标的标准差。

第二，求标准化数据的协方差矩阵。标准化数据的协方差矩阵等于原始数据的相关系数矩阵。

$$\rho = (\rho_{ij}) = cov(x')^T \tag{3-3}$$

第三，相关系数矩阵的特征值求解。求解 X 的相关系数矩阵 $\rho$ 的特征值（$\lambda_1$，$\lambda_2$，$\cdots$，$\lambda_p$）及相应的正交单位化特征向量（$e_{k1}$，$e_{k2}$，$\cdots$，$e_{kp}$）。

第四，计算标准化向量 $X^* = (X_1^*，X_2^*，\cdots，X_p^*)^T$ 的第 k 个因子：

$$F_k = e_{k1}X_1^* + e_{k2}X_2^* + \cdots + e_{kp}X_p^* \qquad k=1，2，\cdots，p \tag{3-4}$$

第五，计算第 k 个主因子的方差贡献率 $w_i = \lambda_i / \sum_{i=1}^{n} \lambda_i$ 和前 m

个因子的方差贡献率之和 $\sum_{i=1}^{m} \lambda_i / \sum_{i=1}^{n} \lambda_i$。

第六，选取前 k 个因子，以方差贡献率作为权重计算各省份的综合得分并进行排名。综合得分等于每个因子得分乘以对应的主因子方差贡献率的总和，再除以 k 个因子的累计贡献率。

$$F = (w_1 F_1 + w_2 F_2 + \cdots + w_k F_k) / \sum w_i \qquad (3-5)$$

## 3.3.3　数据和结果

### 3.3.3.1　数据

本书选取 2000～2013 年全国 31 个省区市的污染物排放总量指标，即工业废水排放总量、工业废水中化学需氧量排放量、工业废气排放总量、工业二氧化硫排放量、工业烟粉尘排放量、工业固体废物产生量，运用因子分析法计算环境污染综合指数。其中，烟尘排放和粉尘排放从 2011 年开始合并为烟粉尘排放，之前年份的烟粉尘排放量以烟尘排放量与粉尘排放量之和来表示。本书研究涉及的基础数据主要来源于 2001～2014 年《中国统计年鉴》《中国环境年鉴》《中国环境统计年鉴》《中国工业统计年鉴》等统计年鉴。

### 3.3.3.2　因子分析

基于上述指标选择，首先，对工业废水排放总量、工业废水中化学需氧量排放量、工业废气排放总量、工业二氧化硫排放量、工业烟粉尘排放量、工业固体废物产生量等六个指标的原始数据采用标准化方法进行无量纲化处理，并求解相关系数，相关系数矩阵见表 3-4，各个指标相关程度适宜进行因子分析。

表 3 - 4                          指标相关系数矩阵

| 指标 | $X_1$ | $X_2$ | $X_3$ | $X_4$ | $X_5$ | $X_6$ |
|------|-------|-------|-------|-------|-------|-------|
| $X_1$ | 1.000 | 0.641 | 0.515 | 0.630 | 0.406 | 0.244 |
| $X_2$ | 0.641 | 1.000 | 0.294 | 0.610 | 0.680 | 0.186 |
| $X_3$ | 0.515 | 0.294 | 1.000 | 0.674 | 0.349 | 0.852 |
| $X_4$ | 0.630 | 0.610 | 0.674 | 1.000 | 0.736 | 0.597 |
| $X_5$ | 0.406 | 0.680 | 0.349 | 0.736 | 1.000 | 0.413 |
| $X_6$ | 0.244 | 0.186 | 0.852 | 0.597 | 0.413 | 1.000 |

表 3 - 5 中 KMO 值为 0.677，基本达到"适中"的标准，Bartlett 球形检验以 1% 的显著性拒绝原假设，也表明可以进行因子分析。

表 3 - 5                          KMO 和 Bartlett 检验

| 取样足够度的 Kaiser – Meyer – Olkin 度量 | | 0.677 |
|------|------|------|
| Bartlett 的球形度检验 | 近似卡方 | 2033.840 |
| | df | 15 |
| | Sig. | 0.000 |

其次，提取因子，本书研究最终提取 3 个因子，从因子解释原有变量总方差的情况来看，3 个因子的累积方差贡献率为 91.91%（见表 3 - 6），大于统计学贡献率 80% 的标准，因子提取的总体效果较好，可以基本反映我国省际环境污染程度的基本情况，其中，第一个因子的贡献率较大，达到 60.62%。

表 3 - 6                      因子解释原有变量总方差情况

| 成分 | 解释的总方差 | | | | | | | | |
|------|------|------|------|------|------|------|------|------|------|
| | 初始特征值 | | | 提取平方和载入 | | | 旋转平方和载入 | | |
| | 合计 | 方差（%） | 累积（%） | 合计 | 方差（%） | 累积（%） | 合计 | 方差（%） | 累积（%） |
| 1 | 3.637 | 60.617 | 60.617 | 3.637 | 60.617 | 60.617 | 2.134 | 35.573 | 35.573 |
| 2 | 1.220 | 20.332 | 80.949 | 1.220 | 20.332 | 80.949 | 1.898 | 31.629 | 67.201 |
| 3 | 0.658 | 10.965 | 91.914 | 0.658 | 10.965 | 91.914 | 1.483 | 24.713 | 91.914 |
| 4 | 0.258 | 4.308 | 96.222 | | | | | | |
| 5 | 0.147 | 2.449 | 98.670 | | | | | | |
| 6 | 0.080 | 1.330 | 100.000 | | | | | | |

碎石图能够较为清楚的显示因子的选择过程，为了避免误差，应通过碎石图验证因子的选取结果，该因子分析的碎石图如图 3 – 13 所示。碎石图在第四个主因子之后趋于水平，表明应保留前三个因子，这与表 3 – 6 显示的结果一致。

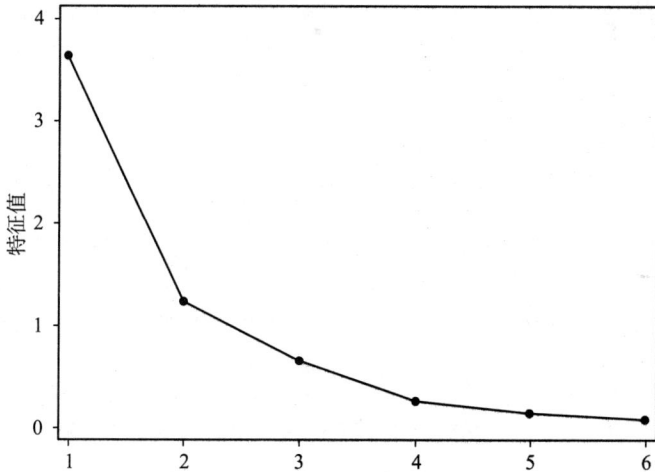

图 3 – 13 环境污染综合指数碎石图

再次，求解因子载荷，采用主成分分析法（principal component analysis，PCA）得到因子载荷矩阵后，用最大方差法对因子载荷矩阵进行正交旋转，旋转后的因子载荷见表 3 – 7，各指标因子载荷越大，表明该指标在该因子的重要性越大。

表 3 – 7　　　　　　　　　旋转后的因子载荷

| 指标 | 因子 1 | 因子 2 | 因子 3 |
|---|---|---|---|
| $X_1$ | 0.219 | 0.228 | 0.926 |
| $X_2$ | − 0.003 | 0.724 | 0.578 |
| $X_3$ | 0.909 | 0.098 | 0.343 |
| $X_4$ | 0.551 | 0.624 | 0.402 |
| $X_5$ | 0.239 | 0.936 | 0.108 |
| $X_6$ | 0.948 | 0.214 | − 0.020 |

表 3 - 8 为因子得分系数矩阵，为因子的加权系数与该因子特征值的比值。

表 3 - 8                                   因子得分系数矩阵

| 指标 | 因子 1 | 因子 2 | 因子 3 |
| --- | --- | --- | --- |
| $X_1$ | - 0. 067 | - 0. 311 | 0. 870 |
| $X_2$ | - 0. 247 | 0. 355 | 0. 271 |
| $X_3$ | 0. 480 | - 0. 273 | 0. 177 |
| $X_4$ | 0. 143 | 0. 242 | 0. 035 |
| $X_5$ | - 0. 062 | 0. 735 | - 0. 397 |
| $X_6$ | 0. 541 | 0. 008 | - 0. 290 |

最后，根据各个指标在各个因子的得分系数，分别计算各因子在每个样本上的具体数值，即因子得分，计算公式为：

$$F_1 = - 0. 067X_1 - 0. 247X_2 + 0. 480X_3 + 0. 143X_4$$
$$- 0. 062X_5 + 0. 541X_6 \qquad (3 - 6)$$
$$F_2 = - 0. 311X_1 + 0. 355X_2 - 0. 273X_3 + 0. 242X_4$$
$$+ 0. 735X_5 + 0. 008X_6 \qquad (3 - 7)$$
$$F_3 = 0. 870X_1 + 0. 271X_2 + 0. 177X_3 + 0. 035X_4$$
$$- 0. 397X_5 - 0. 290X_6 \qquad (3 - 8)$$

以各因子旋转后的方差贡献率计算三个因子的相对比重作为权重，对各样本的因子得分进行加权平均，得到我国各省份各年环境污染综合指数，计算公式为：

$$F = (35. 573F_1 + 31. 629F_2 + 24. 713F_3)/91. 914 \qquad (3 - 9)$$

### 3.3.3.3  实证结果

2000 ~ 2013 年我国 31 个省份的环境污染综合指数具体见表 3 - 9。

表 3 - 9　　　　2000 ~ 2013 年省际环境污染综合指数

| 省份 | 2000 年 | 2001 年 | 2002 年 | 2003 年 | 2004 年 | 2005 年 | 2006 年 | 2007 年 | 2008 年 | 2009 年 | 2010 年 | 2011 年 | 2012 年 | 2013 年 |
|---|---|---|---|---|---|---|---|---|---|---|---|---|---|---|
| 北京 | - 0.66 | - 0.69 | - 0.71 | - 0.73 | - 0.72 | - 0.73 | - 0.72 | - 0.73 | - 0.75 | - 0.75 | - 0.75 | - 0.75 | - 0.77 | - 0.77 |
| 天津 | - 0.63 | - 0.66 | - 0.65 | - 0.64 | - 0.66 | - 0.59 | - 0.61 | - 0.62 | - 0.62 | - 0.64 | - 0.60 | - 0.58 | - 0.58 | - 0.60 |
| 河北 | 0.82 | 0.73 | 0.68 | 0.59 | 1.10 | 1.18 | 1.37 | 1.35 | 1.10 | 1.18 | 1.40 | 2.24 | 2.05 | 2.12 |
| 山西 | 0.30 | 0.31 | 0.46 | 0.42 | 0.58 | 0.69 | 0.75 | 0.71 | 0.64 | 0.55 | 0.80 | 1.16 | 1.09 | 1.12 |
| 内蒙古 | - 0.29 | - 0.34 | - 0.28 | - 0.02 | 0.19 | 0.41 | 0.43 | 0.42 | 0.41 | 0.42 | 0.60 | 0.78 | 0.78 | 0.73 |
| 辽宁 | 0.40 | 0.29 | 0.20 | 0.14 | 0.20 | 0.64 | 0.71 | 0.75 | 0.87 | 0.62 | 0.58 | 0.91 | 0.87 | 0.77 |
| 吉林 | - 0.37 | - 0.44 | - 0.48 | - 0.55 | - 0.43 | - 0.31 | - 0.29 | - 0.30 | - 0.33 | - 0.31 | - 0.32 | - 0.26 | - 0.33 | - 0.34 |
| 黑龙江 | - 0.31 | - 0.33 | - 0.34 | - 0.36 | - 0.29 | - 0.22 | - 0.18 | - 0.19 | - 0.20 | - 0.21 | - 0.22 | - 0.19 | - 0.16 | - 0.17 |
| 上海 | - 0.46 | - 0.48 | - 0.47 | - 0.47 | - 0.47 | - 0.47 | - 0.46 | - 0.47 | - 0.49 | - 0.52 | - 0.50 | - 0.47 | - 0.49 | - 0.50 |
| 江苏 | 0.43 | 0.66 | 0.61 | 0.67 | 0.77 | 0.96 | 0.93 | 0.83 | 0.76 | 0.75 | 0.82 | 1.04 | 0.96 | 0.95 |
| 浙江 | 0.17 | 0.08 | 0.13 | 0.13 | 0.24 | 0.31 | 0.38 | 0.34 | 0.29 | 0.30 | 0.33 | 0.29 | 0.23 | 0.21 |
| 安徽 | - 0.24 | - 0.26 | - 0.27 | - 0.22 | - 0.14 | - 0.08 | 0.02 | 0.01 | 0.05 | 0.05 | 0.06 | 0.23 | 0.20 | 0.18 |
| 福建 | - 0.44 | - 0.39 | - 0.42 | - 0.34 | - 0.29 | - 0.17 | - 0.15 | - 0.13 | - 0.14 | - 0.11 | - 0.07 | - 0.04 | - 0.09 | - 0.07 |
| 江西 | - 0.32 | - 0.40 | - 0.38 | - 0.28 | - 0.17 | - 0.11 | - 0.06 | - 0.07 | - 0.09 | - 0.09 | - 0.06 | 0.09 | 0.03 | 0.04 |
| 山东 | 0.91 | 0.88 | 0.80 | 0.72 | 0.86 | 1.02 | 1.09 | 1.05 | 1.01 | 1.01 | 1.22 | 1.35 | 1.20 | 1.18 |
| 河南 | 0.57 | 0.51 | 0.54 | 0.41 | 0.71 | 0.96 | 0.92 | 0.85 | 0.76 | 0.76 | 0.75 | 0.93 | 0.80 | 0.85 |

续表

| 省份 | 2000 年 | 2001 年 | 2002 年 | 2003 年 | 2004 年 | 2005 年 | 2006 年 | 2007 年 | 2008 年 | 2009 年 | 2010 年 | 2011 年 | 2012 年 | 2013 年 |
|---|---|---|---|---|---|---|---|---|---|---|---|---|---|---|
| 湖北 | 0.05 | -0.02 | -0.05 | -0.12 | 0.01 | 0.02 | 0.05 | 0.00 | -0.03 | -0.04 | 0.00 | 0.15 | 0.06 | 0.06 |
| 湖南 | 0.21 | 0.18 | 0.17 | 0.12 | 0.32 | 0.37 | 0.35 | 0.29 | 0.19 | 0.20 | 0.15 | 0.14 | 0.07 | 0.07 |
| 广东 | 0.26 | 0.15 | 0.20 | 0.24 | 0.41 | 0.60 | 0.63 | 0.61 | 0.54 | 0.45 | 0.49 | 0.49 | 0.42 | 0.41 |
| 广西 | 0.61 | 0.36 | 0.36 | 0.18 | 0.72 | 0.76 | 0.73 | 0.71 | 0.67 | 0.60 | 0.57 | 0.22 | 0.21 | 0.06 |
| 海南 | -0.82 | -0.84 | -0.84 | -0.84 | -0.84 | -0.83 | -0.83 | -0.83 | -0.83 | -0.83 | -0.83 | -0.82 | -0.81 | -0.78 |
| 重庆 | -0.24 | -0.30 | -0.32 | -0.30 | -0.23 | -0.21 | -0.15 | -0.20 | -0.24 | -0.21 | -0.28 | -0.35 | -0.38 | -0.36 |
| 四川 | 0.71 | 0.65 | 0.56 | 0.36 | 0.63 | 0.54 | 0.65 | 0.55 | 0.31 | 0.27 | 0.42 | 0.32 | 0.25 | 0.20 |
| 贵州 | -0.23 | -0.34 | -0.35 | -0.36 | -0.32 | -0.32 | -0.10 | -0.14 | -0.28 | -0.30 | -0.25 | -0.09 | -0.06 | 0.05 |
| 云南 | -0.35 | -0.41 | -0.44 | -0.46 | -0.36 | -0.32 | -0.25 | -0.24 | -0.24 | -0.24 | -0.21 | 0.26 | 0.19 | 0.19 |
| 西藏 | -0.88 | -0.87 | -0.88 | -0.88 | -0.88 | -0.88 | -0.88 | -0.88 | -0.88 | -0.88 | -0.88 | -0.87 | -0.87 | -0.87 |
| 陕西 | -0.17 | -0.25 | -0.25 | -0.26 | -0.12 | -0.04 | -0.02 | 0.02 | -0.03 | -0.08 | -0.05 | 0.04 | -0.01 | 0.02 |
| 甘肃 | -0.52 | -0.55 | -0.53 | -0.48 | -0.48 | -0.42 | -0.43 | -0.46 | -0.47 | -0.47 | -0.44 | -0.22 | -0.24 | -0.27 |
| 青海 | -0.81 | -0.82 | -0.82 | -0.80 | -0.78 | -0.72 | -0.70 | -0.70 | -0.68 | -0.68 | -0.65 | -0.43 | -0.41 | -0.41 |
| 宁夏 | -0.58 | -0.59 | -0.63 | -0.63 | -0.64 | -0.54 | -0.51 | -0.51 | -0.53 | -0.54 | -0.36 | -0.36 | -0.40 | -0.39 |
| 新疆 | -0.61 | -0.60 | -0.59 | -0.62 | -0.45 | -0.41 | -0.34 | -0.30 | -0.28 | -0.25 | -0.19 | -0.04 | 0.13 | 0.23 |

资料来源：根据《中国统计年鉴》《中国环境统计年鉴》《中国环境年鉴》《中国工业统计年鉴》等计算整理。

基于2000~2013年我国31个省份的环境污染水平综合指数，得到各年的省际环境污染综合排名情况。从2000年与2013年省际环境污染综合排名的变化来看，上海、湖北、湖南、广西、重庆、四川、陕西等省份的环境污染情况得到有效的改善，而内蒙古、云南、新疆等省份的环境污染相对恶化趋势明显。具体见表3-10。

表3-10 　　中国2000~2013年省际环境污染综合指数排名的比较

| 省份 | 2000年排名 | 2013年排名 | 省份 | 2000年排名 | 2013年排名 |
|---|---|---|---|---|---|
| 北京 | 4 | 3 | 湖北 | 20 | 16 |
| 天津 | 5 | 4 | 湖南 | 22 | 18 |
| 河北 | 30 | 31 | 广东 | 23 | 24 |
| 山西 | 24 | 29 | 广西 | 28 | 17 |
| 内蒙古 | 15 | 25 | 海南 | 2 | 2 |
| 辽宁 | 25 | 26 | 重庆 | 16 | 8 |
| 吉林 | 11 | 9 | 四川 | 29 | 21 |
| 黑龙江 | 14 | 11 | 贵州 | 18 | 15 |
| 上海 | 9 | 5 | 云南 | 12 | 20 |
| 江苏 | 26 | 28 | 西藏 | 1 | 1 |
| 浙江 | 21 | 22 | 陕西 | 19 | 13 |
| 安徽 | 17 | 19 | 甘肃 | 8 | 10 |
| 福建 | 10 | 12 | 青海 | 3 | 6 |
| 江西 | 13 | 14 | 宁夏 | 7 | 7 |
| 山东 | 31 | 30 | 新疆 | 6 | 23 |
| 河南 | 27 | 27 | | | |

资料来源：根据《中国统计年鉴》《中国环境统计年鉴》《中国环境年鉴》《中国工业统计年鉴》等资料计算整理。

从各省份的横向比较来看，环境污染综合水平较低的省份主要有两类区域，一类包括北京、天津、上海等直辖市，这些大型城市近年来采用了更为严格的环境规制措施，加大了环境基础设施的投入，并对环境污染严重的产业进行了大规模转移；另一类包括西藏、海南、宁夏、青海等省份，这些地区地广人稀、经济发展相对落后、工业基础较为薄弱。而工业在国民经济中比重较大、资源能源型产业较发达的省份，如河北、山西、内蒙古、辽宁、山东、江苏等省份的环境污染问题则非常突出，基于自然资源禀赋、产业布局等因素影响，我国各省份的环境污染综合水平在空间上存在一定的关联性。

# 3.4 省际环境污染的空间特征

我国地域辽阔，各地区的自然地理环境、发展基础、产业结构、经济条件等方面存在巨大的差异，环境污染必然存在不同的特点。为了测度我国各省市区环境污染在地理空间上的集聚程度，本书以 2000~2013 年中国省际面板数据为样本，采用空间数据分析方法，运用空间自相关全局 Moran 指数、局部 Moran 指数散点图及居于空间关联指标集群图来检验这种分布格局并分析其动态变化。

## 3.4.1 环境污染的全局空间自相关检验

判断不同地区间的相互影响，特别是空间相关性关系，一般通过测算全局 Moran's I 指数进行验证[178]。其计算公式为：

$$I = \frac{\sum_{i=1}^{n} \sum_{j=1}^{n} w_{ij}(A_i - \overline{A})(A_j - \overline{A})}{S^2 \sum_{i=1}^{n} \sum_{j=1}^{n} w_{ij}} \qquad (3-10)$$

其中，I 表示全局空间相关性指数，$S^2 = \frac{1}{n}\sum_{i=1}^{n}(A_i - \overline{A})^2$，$\overline{A} = \frac{1}{n}\sum_{i=1}^{n}A_i$，$A_i$ 表示第 i 个地区的观测值，n 为地区数，W 为空间权

重矩阵。I 的取值范围为 -1~1，若 Moran 值在 0~1，各地区观测值呈现出空间正相关，若 Moran 值越接近于 1，表明各地区间空间正相关性越强，若 Moran 值接近 0 时，表示地区间不存在空间相关性，若 Moran 值在 0~-1，则表示地区间呈现空间负相关。

本书空间权重矩阵的设定，是以距离为基础的权重矩阵，W 中的元素 $w_{ij}$ 的设定原则为：

$w_{ij} = 1$，当区域 i 与区域 j 相邻。

$w_{ij} = 0$，当区域 i 与区域 j 不相邻。

$w_{ij} = 0$，当 i = j。

根据公式（3-10），采用我国 2000~2013 年省际环境污染综合指数，计算环境污染综合水平的 Moran 指数。从表 3-11 可以看出，环境规制强度的 Moran 指数均为正值，2003 年和 2008~2013 年通过了 5% 的显著性水平检验，其他年份的 Moran 值也在 10% 的水平上显著，这表明我国 31 个省市区环境污染状况在空间分布上具有显著的正相关性，即我国环境污染存在空间集聚现象。从 2000~2013 年，Moran 值逐渐上升，这意味着环境污染的空间依赖性进一步加强。

表 3-11　　　　2000~2013 年环境污染的 Moran 指数

| 年份 | Moran 值 | Z 值 | P 值 |
| --- | --- | --- | --- |
| 2000 | 0.142 | 1.485 | 0.069 |
| 2001 | 0.151 | 1.568 | 0.058 |
| 2002 | 0.157 | 1.614 | 0.053 |
| 2003 | 0.176 | 1.772 | 0.038 |
| 2004 | 0.130 | 1.383 | 0.083 |
| 2005 | 0.160 | 1.631 | 0.051 |
| 2006 | 0.153 | 1.580 | 0.057 |

续表

| 年份 | Moran 值 | Z 值 | P 值 |
|------|----------|------|------|
| 2007 | 0.154 | 1.587 | 0.056 |
| 2008 | 0.177 | 1.781 | 0.037 |
| 2009 | 0.179 | 1.804 | 0.036 |
| 2010 | 0.173 | 1.758 | 0.039 |
| 2011 | 0.191 | 1.965 | 0.025 |
| 2012 | 0.168 | 1.758 | 0.039 |
| 2013 | 0.160 | 1.701 | 0.044 |

## 3.4.2 环境污染的局部空间关联分析

学者 Anselin（1995）研究认为地区间空间关联的局域分布可能会出现全域指标所不能反映的"非典型"情况，甚至出现局域与全域空间关联趋势相反的情况，因此有必要使用空间关联局域指标来分析空间关联的局域特性[179]。局域 Moran's I 指数，也称作 LISA（Local Indicators of Spatial Association），它是用来考察存在较强相关性的区域数量是否随着时间的推移也在增加。区域 i 的局域 Moran's I 指数用来衡量区域 i 与它邻域之间的关联程度。其计算公式为：

$$I_i = \frac{(A_i - \overline{A})}{S^2} \sum_{i \neq j} (A_j - \overline{A}) \qquad (3-11)$$

其中，$I_i$ 表示局部空间相关性指数，$S^2 = \frac{1}{n}\sum_{i=1}^{n}(A_i - \overline{A})^2$，$\overline{A} = \frac{1}{n}\sum_{i=1}^{n}A_i$，$A_i$ 表示第 i 个地区的观测值，n 为地区数，W 为空间权重矩阵。当 $I_i$ 大于 0 时，表示高值被高值所包围，低值被低值所包围，分别标记为"高—高"或"低—低"；当 $I_i$ 小于 0 时，表示低值被高值所包围，或高值被低值所包围，分别标记为"低—高"和"高—低"。通过局域空间关联 LISA 指数的检测，可以发现我国环

境污染在局部地区高值或低值是否在空间上趋于集聚，局部
Moran's I 指数散点图可以将各省份环境污染的空间集聚状况分为四
个象限的空间关联模式。

本书采用 2000 年和 2013 年的局域 Moran's I 指数进行对比研
究，从 2000 年的 Moran 散点图来看（见图 3 - 14），处于第一象限
（HH）的省份有河北、山西、辽宁、江苏、山东、河南、湖北、湖
南、广西，这些地区的环境污染较为严重，同时被环境污染严重的
省份所包围；处于第二象限（LH）的省份有北京、天津、内蒙古、
吉林、上海、安徽、福建、江西、海南、重庆、贵州、云南、陕西，
这些环境污染程度较轻的省份被环境污染严重的省份所包围；处于第
三象限（LL）的省份有黑龙江、西藏、甘肃、青海、宁夏、新疆，
这些省份的环境污染程度较轻，同时周边的省份环境污染问题也相对
较轻；处于第四象限（HL）的省份有浙江、广东、四川，这些省份
的环境污染状况较为严重，但周边邻近省份的环境污染程度较低。

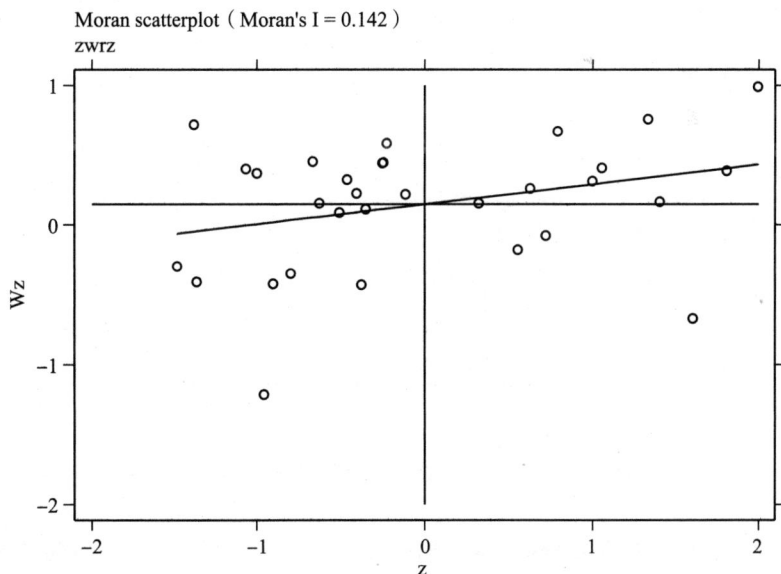

**图 3 - 14　2000 年省际环境污染综合水平的 Moran 散点图**

从 2013 年的 Moran 散点图来看（见图 3 - 15），处于第一象限（HH）的省份有河北、山西、辽宁、江苏、山东、河南、内蒙古、安徽，这些地区的环境污染较为严重，同时被环境污染严重的省份所包围；处于第二象限（LH）的省份有北京、天津、上海、海南、陕西、吉林，这些省份的环境污染程度较轻，但周边省份的环境污染相对严重；处于第三象限（LL）的省份有湖北、湖南、广西、福建、江西、重庆、贵州、黑龙江、西藏、甘肃、青海、宁夏、新疆，这些环境污染程度较轻的省份同时被环境污染问题较轻的省份所包围；处于第四象限（HL）的省份有云南、浙江、广东、四川，这些省份的环境污染状况较为严重，但被环境污染程度较低的省份所包围。

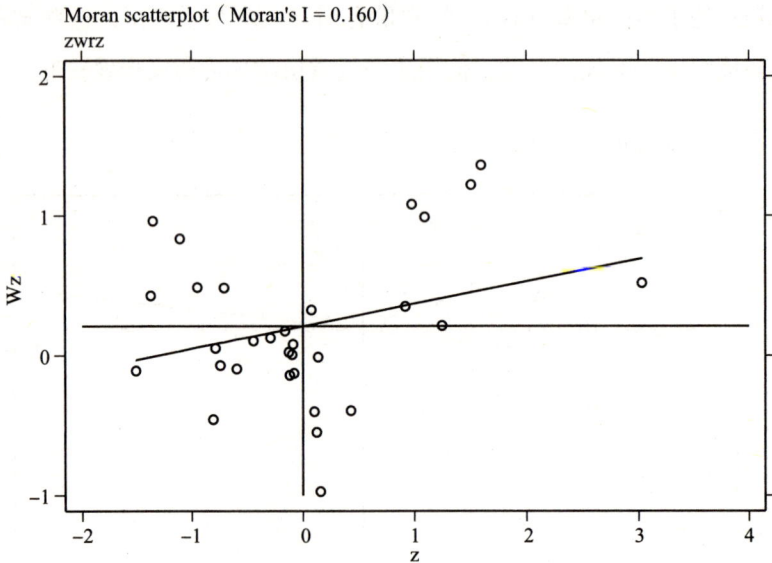

图 3 - 15　2013 年省际环境污染综合水平的 Moran 散点图

在 2000 年的 Moran 散点图中，处于"高—高"区域的省份为 9 个，处于"低—低"区域的省份为 6 个，而处于"低—高"区域的省份为 13 个，处于"高—低"区域的省份为 3 个，处于"低—高"或"高—低"区域的省份数量较多，表明 2000 年我国各省份环境污染的空间负相关性较强。但在 2013 年的 Moran 散点图中，处于"高—高"区域的省份为 8 个，处于"低—低"区域的省份为 13 个，存在空间正相关的省份占 31 个样本的 67.74%，这表明自 2000 ~ 2013 年，我国省际环境污染的空间聚集程度进一步增强。

### 3.4.3 环境污染的空间动态跃迁分析

对于 2000 ~ 2013 年我国省际环境污染综合水平的空间关系的变化，可采用时空跃迁测度法（Rey，2001[180]），动态跃迁的具体类型主要表现为以下四类：第一类是相关空间邻近的跃迁，即某一省份的相邻省份其相对环境污染综合水平发生变化，具体表现为由 HH 象限迁移到 HL 象限、HL 象限迁移到 HH 象限、LH 象限迁移到 LL 象限或由 LL 象限迁移到 LH 象限；第二类是发生相对位移的跃迁，某一省份的相对环境污染综合水平发生变化，具体表现为由 HH 象限迁移到 LH 象限、HL 象限迁移到 LL 象限、由 LL 象限迁移到 HL 象限以及 LH 象限迁移到 HH 象限；第三类是空间整体跃迁，即某一省份及其相邻省份的环境规制强度均发生变化，具体表现为由 HH 象限迁移到 LL 象限、LL 象限迁移到 HH 象限、LH 象限迁移到 HL 象限或由 LH 象限迁移到 HL 象限；第四类则是保持原有空间水平，即某一省份及其相邻省份在整个考察期内相对的环境污染综合水平保持不变。

在 2000 ~ 2013 年期间，属于第一类变迁的省份有 4 个，分别是呈现 LH – LL 变迁的福建、江西、重庆、贵州四省市。第二类变迁的省份有 2 个，即呈现 LH – HH 变迁的内蒙古、安徽。这两类省份之间存在一定的空间关联，即某一省份环境污染水平的相对变化，会导致自身产生第二类变迁，而引起邻近省份产生第一类变迁，其中，内蒙古、安徽的环境污染状况相对恶化。第三类变迁的省份有4个，其中，湖北、湖南、广西3个省及其邻近省份的环境污染状况均相对的有所改善，但是相对于邻近省份环境污染水平的降低，云南省环境污染呈现出恶化态势。第四类即保持原有空间关系的有20个，占31个省份的64.52%，因此，我国环境污染存在高度的空间稳定性，省际环境污染在地理分布上存在较为显著的"路径依赖性"。具体见表3-12。

表3-12　　　　　2000~2013年我国省际环境污染的空间跃迁

| 类型 | 变迁路径 | 代表省份 |
|---|---|---|
| 相关空间邻近省份的跃迁 | HH - HL | |
| | HL - HH | |
| | LH - LL | 福建、江西、重庆、贵州 |
| | LL - LH | |
| 相对位移省份的跃迁 | HH - LH | |
| | HL - LL | |
| | LH - HH | 内蒙古、安徽 |
| | LL - LH | |
| 某省份及其邻居均跃迁 | HH - LL | 湖北、湖南、广西 |
| | LL - HH | |
| | LH - HL | 云南 |
| | HL - LH | |
| 省份及其相邻保持相同水平 | | 北京、天津、河北、山西、辽宁、吉林、黑龙江、上海、江苏、浙江、山东、河南、广东、海南、四川、西藏、陕西、甘肃、青海、宁夏、新疆 |

基于局部空间指标 LISA 所显示的"高—高""低—低""高—低""低—高"等不同地理位置的区域空间关联模式，可以从空间地图上更为直观的观测样本数据的空间集聚性。通过我国环境污染

的局域 LISA 集群图可以发现，我国环境污染在空间分布上也形成了非常显著的聚集区域。从 2000 年的 LISA 集群图来看，我国环境污染较为严重的聚集区主要包括环渤海经济区以及中部地区的省份，这些省份的环境污染较为严重且被同样高污染的省份所包围；环境污染较轻的聚集区主要有两个，一个主要包括西北地区的省份，而另一个是东北老工业基地中的黑龙江和吉林。

从 2013 年的 LISA 集群图来看，环境污染相对严重的聚集区呈现出向北部收缩和向东部延伸的趋势，而环境污染相对较轻的聚集区，从原来的西北地区省份扩展至西南地区及中部地区的南部省份，据此可以判断，我国环境污染在空间上的聚集程度进一步增加。

## 3.5　本　章　小　结

本章为了初步检验中国环境污染与经济发展之间的关系，采用 2000～2013 年中国省际面板数据，运用非参数回归方法分析工业"三废"与人均地区生产总值的关系。从回归结果来看，工业"三废"与人均地区生产总值之间的确呈现出一定的 EKC 模式。

运用核密度估计和空间计量方法对中国省际环境污染的现状及演进进行研究，结果显示我国水污染排放除在少数省份有所缓解外，整体上呈上升趋势，而且水污染排放由低排放量的收敛向高排放量的发散演化。从工业废水排放总量的空间分布来看，排放水平较高的省份主要集中在东部沿海地区和中部地区，而从人均工业废水排放量的空间分布来看，东部沿海地区水污染相对严重的特点表现得更为突出。无论是对于总量指标还是人均指标，大气污染均呈现出空间上由收敛到发散的态势，并在整体上呈现出恶化的趋势，大气污染较高的省份主要集中在环渤海地区及其周边省份。就固体废物而言，绝大多数省份的产生总量和人均产生量都显著增加，其中北方地区为固废污染最严重的区域。

采用因子分析法，本章测算了2000~2013年我国31个省份的环境污染综合指数，并得到各年的省际环境污染综合排名情况，从2000年与2013年省际环境污染综合排名的变化来看，上海、湖北、湖南、广西、重庆、四川、陕西七省份的环境污染情况得到有效的改善，而内蒙古、云南、新疆等省份的环境污染相对恶化趋势明显。从2013年各省份的横向比较来看，环境质量较好的省份主要有两类区域，一类为北京、天津、上海等直辖市；另一类为西藏、海南、宁夏、青海等省份。而工业在国民经济中的比重较大、资源能源型产业较发达的省份，如河北、山西、内蒙古、辽宁，山东、江苏等的环境污染问题则更为突出。

就空间分布而言，我国环境污染存在明显的空间集聚现象，而且环境污染的空间依赖性逐步加强。就空间关系而言，各省份环境污染状况与邻近省份的相对关系呈现出"高—高""低—低""高—低""低—高"四种不同的模式，而且不同模式之间会出现转换。就空间跃迁而言，环境污染严重的聚集区呈现出向北部收缩和向东部延伸的趋势，而环境污染相对较轻的聚集区，从原来西北地区的省份扩展至西南地区及中部地区的南部省份。

# 第4章

# 中国环境规制的演进
# 及省际空间特征

## 4.1　中国环境规制的历史演进

中国的环境保护事业是从 20 世纪 70 年代起步的，根据重大环保事件、重要环保决策、重大法律法规颁布、重点环保行动等作为影响环境规制的重要因素，本书将中国的环境规制历程分为三个阶段。

### 4.1.1　开始起步阶段（1972～1992 年）

新中国成立之初至 1970 年以前，中国作为传统的农业大国，工业水平不高。另外，矿产业、林业、牧业、渔业处在不发达时期，环境污染特别是工业污染并不突出。1972 年，联合国人类环境会议通过了《人类环境宣言》，确立了共同责任、预防优先、谨慎发展等信念和原则，不仅使新中国全面了解了全球环境恶化的趋势，而且使新中国充分认识了西方发达国家的先进环境保护理念。之后，由国家计划委员会成立了国务院环境保护领导小组筹备办公室。1973 年 8 月，第一次全国环境保护会议在北京召开，制定了中国环境保护的"全面规划、合理布局、综合利用、化害为利、依靠群众、大家动手、保护环境、造福人民"的三十二字方针，通过了《关于保护和改善环境的若干规定（试行草案）》，从此揭开了中国环保事业的序幕。

1979 年 5 月第五届全国人大常委会第十一次会议通过了新中国的第一部环境保护基本法——《中华人民共和国环境保护法（试行）》，对我国环保事业产生了深远影响。它不仅规定了环境影响评价、"三同时"和排污收费等基本法律制度，而且明确要求从国务院到省、市、县各级政府设立环境保护机构，并从法律上要求各部门和各级组织在制订国民经济和社会发展计划时，必须对环境的保护改善统筹安排并组织实施，为实现环境和经济的协调提供了法律保障。1982 年 7 月国务院颁布《征收排污费暂行办法》，成为中国环境管理的一项基本制度，也是促进污染防治的一项重要经济政策。

1983 年 12 月国务院召开第二次全国环境保护会议，明确提出了环境保护是一项基本国策，强调经济建设和环境保护必须同时发展，要求经济建设、城乡建设和环境保护同步规划、同步实施、同步发展，做到经济效益、社会效益和生态效益的统一，摒弃了"先污染后治理"的老路，标志着我国的环境保护从单纯的污染治理开始转向重视经济、社会和环境协调发展的新阶段。1982 年，国家设立城乡建设环境保护部，内设环保局。1988 年，环保局从城乡建设环境保护部分离出来，建立了直属国务院的原国家环保局，在环保系统处于最高的地位，对全国环境保护工作实施统一监督管理。

1989 年 4 月，国务院召开第三次全国环境保护会议，提出了环境保护三大政策和八项管理制度，即预防为主、防治结合，谁污染谁治理和强化环境管理的三大政策。同时还出台了包括"三同时"制度、环境影响评价制度、排污收费制度、城市环境综合整治定量考核制度、环境目标责任制度、排污申报登记和排污许可证制度、限期治理制度和污染集中控制制度。1989 年 12 月第七届全国人大常委会第十一次会议通过了《中华人民共和国环境保护法》，环境保护法律开始成为我国环境保护工作的重要支柱和保障。同期，还陆续制定并颁布了污染防治方面的各单项法律和标准，包括《水污染防治法》《大气污染防治法》《海洋环境保护法》；同时又相继出台了《森林法》《草原法》《水法》《水土保持法》《野生动物保护法》等资源保护方面的法律，初步构成了一个环境保护的法律框架[181]。

这一时期主要的环境规制政策是建立排污收费、环境影响评价，"三同时"制度，城市环境综合整治定量考核，工业污染防治方面主要采取以点源治理为主的锅炉改造和安装除尘设备，污染企业限期整理、限期搬迁和转产。

## 4.1.2　快速发展阶段（1993~2004 年）

1992 年，联合国环境与发展大会通过了《环境与发展宣言》《21 世纪行动计划》等法律文件，提出了可持续发展的环保理念。1993 年我国修订的宪法明确宣布实行社会主义市场经济，自此，市场经济、可持续发展、依法治国一起，开始影响中国环境法制的发展模式和方式[182]。

1994 年 3 月，国务院发布《我国 21 世纪议程——我国 21 世纪人口、环境与发展白皮书》，确定了实施可持续发展战略的行动目标、政策框架和实施方案。1994 年 8 月，国际环境保护局发布《全国环境保护纲要（1993-1998）》，提出环境保护面临的任务、存在的主要问题，环境保护工作的指导思想、目标及任务。面对日益严重的环保形势，国务院分别在 1996 年和 1997 年召开了第四次和第五次全国环境保护会议，重申了环境保护的重要战略地位。

1998 年 4 月根据第九届全国人民代表大会第一次会议批准的国务院机构改革方案和《国务院关于机构设置的通知》，设置国家环境保护总局。2002 年第五次全国环境保护会议，提出绝不能把保护环境同经济发展对立起来或割裂起来，绝不能走先污染后治理的老路。

这一时期，是强化执法、全面治理污染和保护生态的一段重要时期，环境保护的领域只能不断扩展，从单纯的工业污染治理扩展到生活污染治理、生态保护、农村环境保护、突发环境事件应急等，并开始逐步参与国民经济发展的综合决策过程。一是开展规模工业污染防治。在控制环境污染中，把工业污染防治作为重点，淘汰落后产能，调整产业结构。二是开展规模流域污染防治。以"三河三湖"为重点，开始了规模流域污染治理工作。其中淮河水污染治理是这一时期流域治理的典范，《淮河流域水污染防治暂行条例》也是我国历史上第一部。三是启动重点城市环境治理。以北京市为典型，推动城市工业结构和布局调整，能源结构调整，治理城市工业污染的同时，开始规模建设城市污水治理设施，实施大气污染治理措施。四是环境法律法规的完善。修订了《水污染防治法》《大气污染防治法》和《海洋环境保护法》，出台了《固体废物污染环境防治法》《环境噪声污染防治法》《防沙治沙法》《清洁生产促进法》《环境影响评价法》。其中《环境影响评价法》是立法方向的转变，也是环境管理方式从"先污染后治理"转向"先评价后建设"的转变。

### 4.1.3　全面深化阶段（2005 年后至今）

党的十六届三中全会提出科学发展观重要理念之后，2005 年
12 月国务院发布了《关于落实科学发展观加强环境保护的决定》，
2006 年 4 月，国务院召开第六次全国环保大会，提出了"三个转
变"的战略思想，即从重经济增长轻环境保护，转变为保护环境与
经济增长并重；从环境保护滞后于经济发展，转变为环境保护和经
济发展同步，做到不欠新账，多还旧账，改变先污染后治理、边治
理边破坏的状况；从主要用行政办法保护环境，转变为综合运用法
律、经济、技术和必要的行政办法解决环境问题。2006 年，六个
区域环境保护督察中心成立，作为环境保护总局的派出机构，环境
保护督察中心的成立增加了环境保护工作的区域协调性，并增强了
化境执法能力。

2007 年 10 月，党的十七大把建设生态文明列为全面建设小康
社会目标之一、作为一项战略任务确定下来，提出要基本形成节约
能源资源和保护生态环境的产业结构、增长方式、消费模式，推动
全社会牢固树立生态文明观念。2008 年 3 月，党的第十一届全国人
民代表大会第一次会议，通过了国务院机构改革方案，原国家环境
保护总局升格为环境保护部。2009 年 9 月，中共十七届四中全会把
生态文明建设提升到与经济建设、政治建设、文化建设、社会建设
并列的战略高度，作为中国特色社会主义事业总体布局的有机组成
部分。2011 年，第七次全国环境保护会议召开，会议强调坚持在
发展中保护、在保护中发展，积极探索环境保护新道路，切实解决
影响科学发展和损害群众健康的突出环境问题。

2012 年 11 月 8 日，党的十八大报告中提出，建设生态文明，
是关系人民福祉、关乎民族未来的长远大计。面对资源约束趋紧、

环境污染严重、生态系统退化的严峻形势，必须树立尊重自然、顺应自然、保护自然的生态文明理念，把生态文明建设放在突出地位，融入经济建设、政治建设、文化建设、社会建设各方面和全过程，努力建设美丽中国，实现中华民族永续发展。2014 年 4 月，党的十二届全国人大常委会第八次会议通过了《环境保护法》并于2015 年 1 月 1 日起实施，作为环境领域的基础性、综合性法律，新《环境保护法》的出台，对于保护和改善环境，防治污染和其他环境公害，保障公众健康，推进生态文明建设，促进经济社会可持续发展，都具有重要意义。

这一阶段总体上呈现全面防控环境污染的特征，国家把环境保护作为宏观调控的重要手段，完善环境经济政策，制定约束性环境保护指标，推进产业结构调整，以"区域限批"和"流域限批"措施淘汰落后产能，加快环保事业发展。

# 4.2 中国环境管理体制和地方政府的环境职责

## 4.2.1 中国环境管理体制

环境管理机构是指运用经济、行政、法律、教育等手段行使法定管理职能的行政管理机关。根据环境保护的特征和中国的国情，我国的环境管理体制主要为统一管理和分级、分部门互相协调的机制，并由国家环境管理机构和地方环境管理机构负责实施。

环境管理机构是指运用经济、行政、法律、教育等手段行使法定管理职能的行政管理机关。新《环境保护法》明确规定："国务院环境保护主管部门，对全国环境保护工作实施统一监督管理；县级以上地方人民政府环境保护主管部门，对本行政区域环境保护工作实施统一监督管理。县级以上人民政府有关部门和军队环境保护部门，依照有关法律的规定对资源保护和污染防治等环境保护工作实施监督管理。"根据环境保护的特征和中国的国情，环境管理机构的设置体现了统一管理和分级、分部门监督相结合的特点。

国家环境管理机构，是由国家设置的形式国家环境行政管理职能的机关，它主要包括，全国人大环境与资源委员会、环境保护部、国务院其他与环境保护相关的部门机构。全国人大环境与资源委员会主要职能是负责组织起草和审议环境与资源保护方面的法律草案并提出报告；监督环境与资源保护方面法律的执行；提出同环境与资源保护有关的议案；开展与各国议会之间在环境与资源保护领域的交往。环境保护部历经国务院环境保护小组、环境保护委员会，国家环境保护局，环境保护总局的变迁，直至2008年升格为环境保护部，成为国务院组成部门之一，是国务院环境保护行政主管部门，处理全国环境管理工作日常事务的机构，对全国环境保护工作实施统一监督管理。主要职能是负责建立健全环境保护基本制度，对重大环境问题实行统筹协调和监督管理，防止污染和其他公害的发生，保护和改善生活环境与生态环境，促进经济和社会持续、协调、健康发展。环境保护部除了设置内部职能部门外，还成立了六个区域环境保护督察中心作为派出机构。国务院所属的综合部门、资源管理部门和工业部门也设立环境保护机构，负责相应的环境与资源保护工作。

在地方层次上，省、市、县人民政府设立了环境保护行政主管部门，对本辖区的环境保护工作实行统一的监督管理。各级地方政府的综合部门、资源管理部门和工业部门也设立了环境保护机构，如海洋行政主管部门、港务监督、渔政渔港监督、军队环境保护部门和各级公安、交通、铁道、民航管理部门也依照有关法律的规定对环境污染防治实施监督管理。在地方环境管理机构中，地方各级政府对管辖区内的环境质量负责，环境行政主管部门对环境保护的行政事务向地方负责，人事权和财政权均隶属于地方政府。各级地方政府的有关部门也设立了环境保护内设机构，履行相应的环境保护职责。

中国环境管理体制方面也存在的一些问题。首先，环境管理机构设置重复。中国环境管理体制在从各部门分工管理向统一监督管理和分工负责相结合的管理体制转变过程中，对环境管理机构设置及其职权内在的统一性和协调性重视不够，监管部门与分管部门职责关系不明确，不同法律对环境管理机构授权互相矛盾，导致中国环境与资源保护工作效率较低。例如，在环境监测方面，环保部门建立了从上到下的环境监测网，而农业部门、水利部门等也建立了自己的环境监测网，而且各部门对同一监测对象的监测数据往往相互矛盾。其次，环境管理体制立法依然不够完善。由于中国没有一部专门的行政机构组织法，环境管理机构设置没有一个基本法律作为依据，环境管理机构稳定性较差，经常处于变动之中，从 20 世纪后期以来对环境管理体制的五次大调整，由于调整过程中缺乏相应法律的规范，且随意性较强。最后，综合决策管理部门与专业管理部门定位不准。这一问题直接导致了环境立法授权不符合科学管理规律，环境管理职权行使混乱，致使环境管理目标难以实现。主要表现为行业管理部门行使了监督管理部门的职权，综合决策管理部门行使了专业管理部门的职权，专业管理部门行使了综合决策部门的职权，政府行使了其所属部门的职权等。

可喜的是，中共中央办公厅、国务院办公厅 2016 年 9 月印发了《关于省以下环保机构监测监察执法垂直管理制度改革试点工作的指导意见》。该指导意见提出对省级以下环保机构监测监察执法实施"垂直管理"。这是党的十八大以来，我国第五个引入"省以下垂直管理"的领域。实施"省以下垂直管理"后，市级环保局将改变之前的属地管理，实行以省级环保厅（局）为主的双重管理，虽然仍为市级政府工作部门，但主要领导均由省级环保厅（局）提名、审批和任免，避免地方干扰。而县级环保局将直接调整为市级环保局的派出分局，由市级环保局直接管理，其人财物及领导班子成员均由市级环保局直管。市县两级环保部门的环境监察职能将上收，由省级环保部门统一行使，省环保厅（局）通过向市或跨市县区域派驻等形式实施环境监察。根据该指导意见，环境监测管理体制也将得到调整。各省（自治区、直辖市）及所辖各市县生态环境质量监测、调查评价和考核工作由省级环保部门统一负责，实行生态环境质量省级监测、考核。现有县级环境监测机构主要职能调整为执法监测，随县级环保局一并上收到市级。由市级承担人员和工作经费，具体工作接受县级环保分局领导，支持配合属地环境执法，形成环境监测与环境执法有效联动、快速响应，同时按要求做好生态环境质量监测相关工作。

## 4.2.2　地方政府环境管理职责

地方政府是由中央政府为治理国家部分地域或部分地域某些社会事务而依法设置的政府单位[183]。地方政府的活动与人民大众的日常生活密切相关，地方政府治理的好坏，直接关系到一个国家社会经济的发展与稳定。因此，地方政府的职能主要是国家职能的延伸。地方政府职能的配置包括两个方面：一是中央政府和地方政府之间如何分担政府职能；二是地方各个层级政府之间如何分担政府职能。

一般来说，从政府与社会生存、社会发展的关系看，可以将地方政府的职能分为两个方面：一是维护社会生存、与当地居民基本需要密切相关的社会公共事务，诸如社会安全、环境保护、社会保障，这是任何时期地方政府都必须承担的职能；二是促进社会发展，与当地居民生活素质提高密切相关的社会公共事务，诸如经济、文化、教育[184]。

责任问题是现代民主政府有效运行的核心要素。在不同的历史时期和不同的国家，由于社会历史文化传统、经济结构和发展水平，社会内部阶级关系以及外部环境等因素的不同，政府的责任会有所差异，但其履行的基本责任是类似的[185]。根据地方政府的职能，其应当履行的基本责任包括：维护社会秩序，保持社会稳定；维护市场体制，保证公平与效率；提供公共物品，保证公共服务均等；保护地区生态环境，实现可持续发展。社会管理职能是政府的主要职能之一，而社会规制是政府从公共利益出发，利用政策、法规对社会进行有效管理的手段。环境保护是地方政府的职责，环境规制也就成为地方政府的重要职责之一。因此，地方政府是地区环境规制的主体，对地区环境质量状况有着直接责任。中央政府的环境规制属于宏观层面的规制，涉及全局，因此要求要有稳定性、宏观性和总体性。与中央政府的环境规制不同，地方政府环境规制需要解决地区性的具体环境问题，这些环境问题受地区本身的自然条件、资源禀赋、产业结构等影响，大多具有随机性、突发性等不确定特点，要根据地区具体情况及时提出相应的解决方案，因此地方政府环境政策具有灵活性的突出特性。这样的特性，一方面，有助于提高环境规制的效率，因地制宜的区域内环境问题，另一方面，也给地方政府赋予了很大的自主权，一些地方政府为了本地区的利益，如地方政府官员追求政绩的需要，片面地追究 GDP 的发展，而忽视对地区环境的治理，在对地区环境规制进行规制过程中会出现职能的偏移和错位。因此，要进一步理顺中央政府和地方政府的环境职责分配机制，强化地方政府环境规制的主体地位，明确地方政府在地区环境规制中的直接责任。

新《环境保护法》明确规定了地方政府对本地区环境质量负责的职责。一是明确了地方政府的环境保护的主体资格。"地方各级人民政府应当对本行政区域的环境质量负责""各级人民政府应当加大保护和改善环境、防治污染和其他公害的财政投入，提高财政资金的使用效益""各级人民政府应当加强环境保护宣传和普及工作，鼓励基层群众性自治组织、社会组织、环境保护志愿者开展环境保护法律法规和环境保护知识的宣传，营造保护环境的良好风气""县级以上地方人民政府环境保护主管部门，对本行政区域环境保护工作实施统一监督管理。县级以上人民政府有关部门和军队环境保护部门，依照有关法律的规定对资源保护和污染防治等环境保护工作实施监督管理""县级以上人民政府应当将环境保护工作纳入国民经济和社会发展规划""县级以上人民政府应当将环境保护目标完成情况纳入对本级人民政府负有环境保护监督管理职责的部门及其负责人和下级人民政府及其负责人的考核内容，作为对其考核评价的重要依据。考核结果应当向社会公开"。二是赋予地方政府环境监督管理权。"县级以上地方人民政府环境保护主管部门会同有关部门，根据国家环境保护规划的要求，编制本行政区域的环境保护规划，报同级人民政府批准并公布实施""省、自治区、直辖市人民政府对国家环境质量标准中未作规定的项目，可以制定地方环境质量标准；对国家环境质量标准中已作规定的项目，可以制定严于国家环境质量标准的地方环境质量标准。地方环境质量标准应当报国务院环境保护主管部门备案""县级以上人民政府环境保护主管部门及其委托的环境监察机构和其他负有环境保护监督管理职责的部门，有权对排放污染物的企业事业单位和其他生产经营者进行现场检查""企业事业单位和其他生产经营者违反法律法规规定排放污染物，造成或者可能造成严重污染的，县级以上人民政府环境保护主管部门和其他负有环境保护监督管理职责的部门，可以查封、扣押造成污染物排放的设施、设备"。三是明确了地方政府环境保护的内容。"地方各级人民政府应当根据环境保护目标和治理任务，采取有效措施，改善环境质量。未达到国家环境质量标准的重点区域、流域的有关地方人民政府，应当制定限期达标规划，并采取措施按期达标""各级人民政府应当加强对农业环境的保护，促进农业环境保护新技术的使用，加强对农业污染源的监测预警，统筹有关部门采取措施，防治土壤污染和土地沙化、盐渍化、贫瘠化、石漠化、地面沉降以及防治植被破坏、水土流失、水体富营养化、水源枯竭、种源灭绝等生态失调现象，推广植物病虫害的综合防治""县级、乡级人民政府应当提高农村环境保护公共服务水平，推动农村环境综合整治""沿海地方各级人民政府应当加强对海洋环境的保护。向海洋排放污染物、倾倒废弃物，进行海岸工程和海洋工程建设，应当符合法律法规规定和有关标准，防止和减少对海洋环境的污染损害""县级以上人民政府应当建立环境污染公共监测预警机制，组织制定预警方案；环境受到污染，可能影响公众健康和环境安全时，依法及时公布预警信息，启动应急措施""县级人民政府负责组织农村生活废弃物的处置工作"。

# 4.3　环境规制工具在中国的实践

对于环境规制工具，不同的学者有不同的分类。本书将环境规制工具分为三类：基于市场激励的环境规制、命令控制型环境规制和自愿型环境规制等，其中命令控制型环境规制工具主要有环境影响评价制度、"三同时"制度、排污费和排污许可证制度以及"区域限批"和"流域限批"等，基于市场激励的环境规制工具主要有排污交易、生态环境补偿、补贴等，自愿型环境规制工具有环境信息公开和公众参与、绿色信贷、环境责任保险、环境认证及环境标志等。

## 4.3.1 命令控制型环境规制工具的实践

### 4.3.1.1 环境影响评价制度

环境影响评价是贯彻"预防为主"方针、从源头防治环境污染和生态破坏的一项重要环境管理制度。我国 1979 年的《环境保护法（试行）》首次对环境影响评价制度作了原则性的规定。1989 年颁布的《环境保护法》再次确立了环境影响评价制度。1998 年 11 月，国务院颁布的《建设项目环境保护管理条例》，其中第二章以专章的形式对环境影响评价制度做了规定。2002 年 10 月 28 日，第九届全国人大常委会第三十次会议通过并于 2003 年 9 月 1 日开始实施《中华人民共和国环境影响评价法》，在这部规范环境影响评价制度的专法中，首次将"一地、三域、十个专项"规划纳入了法定的环境影响评价范围，并对规划和建设项目的环境影响评价的程序、征求公众意见以及相应的法律责任都做了具体的规定。"十一五"期间，国家环保部对 822 个"两高一资"、低水平重复建设和产能过剩项目的环境影响评价文件做出不予受理、暂缓审批或不予审批等决定，同时完成了环渤海沿海地区等五大区域重点产业发展战略环评试点[186]。"十二五"期间，环保部出台了《环境影响评价"十二五"规划》，2014 年新《环境保护法》进一步完善了环境影响评价制度，其中战略和规划环评已成为环保部门参与综合决策最重要的手段之一，使环境影响评价制度更加成熟、更加完善。全国人民代表大会常务委员会《关于修改〈中华人民共和国节约能源法〉等六部法律的决定》已由中华人民共和国第十二届全国人民代表大会常务委员会第二十一次会议于 2016 年 7 月 2 日通过，本次会议对《中华人民共和国环境影响评价法》所做的修改了包括 9 方面内容，尤其是对环评未批先建等违法行为加大了处罚力度，同时简化了部分项目的环评行政审批，强化了规划环评。

### 4.3.1.2 "三同时"制度

"三同时"制度是在中国出台最早的一项环境管理制度。它是中国的独创，是在中国社会主义制度和建设经验的基础上提出来的，是具有中国特色并行之有效的环境管理制度。最早追溯到 1972 年 6 月，在国务院批转的《国家计委、国家建委关于官厅水库污染情况和解决意见的报告》中第一次提出了"工厂建设和三废利用工程要同时设计、同时施工、同时投产"的要求。1973 年，经国务院批转的《关于保护和改善环境的若干规定》中规定："一切新建、扩建和改建的企业，防治污染项目，必须和主体工程同时设计、同时施工、同时投产""正在建设的企业没有采取防治措施的，必须补上。各级主管部门要会同环境保护和卫生等部门，认真审查设计，做好竣工验收，严格把关"。从此，"三同时"成为中国最早的环境管理制度。

1979 年的《环境保护法（试行）》对"三同时"制度做了原则性规定。1989 年修订的《环境保护法》进一步规定建设项目中污染防治的相关措施必须与项目主体工程同时设计、同时施工、同时投产使用。1994 年开始进一步加强了该制度的执行，从建设项目环境保护验收工程整体验收转向由各级环境保护行政主管部门组织单项验收，此后由环境保护部门组织定期检查和重点执法检查相配合，对严重违反"三同时"制度的四川聚酯等数家企业的项目，分别给予限期整改、停产等不同处罚，引起了社会各界的广泛关注，积极推动了"三同时"制度的执行。新《环境保护法》规定："建设项目中防治污染的设施，应当与主体工程同时设计、同时施工、同时投产使用。防治污染的设施应当符合经批准的环境影响评价文件的要求，不得擅自拆除或者闲置"。经过多年的不断实践和发展，"三同时"制度已成为一项强制性的环境规章制度，对实现环境质量目标起着重要的作用。

### 4.3.1.3　排污费和排污许可证

我国于 20 世纪 70 年代末开始实施排污收费制度。1979 年《环境保护法（试行）》规定，超过国家规定的排放标准要按照排放污染物的数量和浓度收取排污费，此后国务院发布《征收排污费暂行办法》进一步细化了征收规则。1984 年《水污染防治法》规定对工业污水征收排污费。2000 年出台《水污染防治法实施细则》开始确立排污许可证制度，自此，排污许可和收费制度全面确立。2003 年，国务院颁布《排污费征收使用管理条例》，规定按污染物排放总量和污染物排放标准相结合的方式征收排污费，是我国排污收费方式的重大转变。从 2014 年 9 月开始，我国首次提高排污费征收标准。2014 年。环保部发布了《排污许可证管理暂行办法》（征求意见稿）中规定，国家对在生产经营过程中排放废气、废水、产生环境噪声污染和固体废物的行为实行许可证管理。下列在中华人民共和国行政区域内直接或间接向环境排放污染物的企业事业单位、个体工商户（以下简称排污者），应按照本条例的规定申请领取排污许可证：第一，向环境排放大气污染物的；第二，直接或间接向环境排放工业废水和医疗废水以及含重金属、放射性物质、病原体等有毒有害物质的其他废水和污水的；城镇污水集中处理设施的运营者；第三，在工业生产中因使用固定的设备产生环境噪声污染的，或者在城市市区噪声敏感建筑物集中区域内因商业经营活动中使用固定设备产生环境噪声污染的；第四，产生工业固体废物或者危险废物的。依法需申领危险废物经营许可证的单位除外。同时，浙江、甘肃、广东、福建等省陆续出台了地方排污许可证管理办法。总体来看，实施 30 多年的排污收费制度将为今后建立环境保护税提供很好的基础，我国排污费制度改革的总体方向是建立环境保护税[187]。

### 4.3.1.4　区域限批和流域限批

2005 年底出台《国务院关于落实科学发展观加强环境保护的决定》，赋予环保部门"区域限批"的权利，它把环保监管对象从企业和单个项目转向了地方政府。2007 年国家环保总局通过"区域限批""流域限批"措施，暂停了 10 个市、2 个县、5 个开发区和 4 个电力集团的环评审批在全国引起了广泛反响。2008 年在修改《中华人民共和国水污染防治法》第 18 条第 4 款规定："对超过重点水污染物排放总量控制指标的地区有关人民政府环境保护主管部门应当暂停审批新增重点水污染物排放总量的建设项目的环境影响评价文件。"此外，国务院 2009 年制定的《规划环境影响评价条例》规定："规划实施区域的重点污染物排放总量超过国家或者地方规定的总量控制指标的，应当暂停审批该规划实施区域内新增该重点污染物排放总量的建设项目的环境影响评价文件。"2009 年 6 月，针对个别地区和企业严重违反国家产业政策、发展规划和环境保护准入条件进行项目建设的行为，环境保护部暂停审批金沙江中游水电开发项目、华能集团和华电集团（除新能源及污染防治项目外）、山东钢铁行业建设项目环境影响评价，遏制违法建设及"两高一资"重复建设项目。省级人民政府环境保护主管部门采用环评"区域限批"的现象并不普遍，据统计截至 2013 年 8 月底，全国仅四川省、山东省、河南省、浙江省、江苏省、新疆维吾尔自治区、辽宁省、贵州省这些省级行政区域曾采用过环评区域限批[188]。新《环境保护法》第 44 条第 2 款规定："对超过国家重点污染物排放总量控制指标或者未完成国家确定的环境质量目标的地区，省级以上人民政府环境保护主管部门应当暂停审批其新增重点污染物排放总量的建设项目环境影响评价文件。""区域限批"和"流域限批"措施有效地促进了淘汰落后产能，对推动国家和地区的经济结构发挥了重要的作用。

## 4.3.2　市场型环境规制工具运用的实践

### 4.3.2.1　排污交易

1987 年，上海市闵行区开展了企业之间水污染物排放指标有偿转让的实践；1988 年，原国家环保局颁布并实施的《水污染物排放许可证管理暂行办法》第 4 章第 21 条规定："水污染排放总量控制指标，可以在本地区的排污单位间互相调剂"；1991 年，在原国家环保局领导下，在 16 个城市进行排放大气污染物许可证制度试点，在此基础上，自 1994 年起又在其中包头、开远、柳州、太原、平顶山、贵阳 6 个城市开展大气排污权交易试点。国家"九五"计划期间，在全国所有城市推行排污许可证制度。2001 年前亚洲开发银行在太原开展市域范围的二氧化硫排污交易试点项目，美国环保协会（EDF）在南通排污交易项目等，在这些项目推动下完成了多项排污权交易案例。2002 年，在美国环保协会支持下，原国家环保总局下发《关于开展"推动中国二氧化硫排放总量控制及排污交易政策实施的研究项目"示范工作的通知》，在山东、山西、江苏、河南、上海、天津、柳州市七省市开展二氧化硫排放总量控制及排污权交易试点。水污染物排污交易试点在这一阶段展开，2001年，浙江省嘉兴市秀洲区出台了《水污染物排放总量控制和排污权交易暂行办法》，实行水污染排污初始权的有偿使用。2007年，嘉兴市启动全市范围的污染物排放总量控制和排污权交易。2008年起，江苏省在太湖流域开展了主要水污染物排污权有偿使用及交易试点。

2008年5月，天津产权交易中心、中油资产管理有限公司、芝加哥气候交易所三家单位联合筹建天津排污权交易所，交易标的物将不仅涉及二氧化硫、化学需氧量等传统污染物，还涉及温室气体排放权、经济生产发展机制技术及其他可定量化、指标化和标准化的交易产品。2008年8月，北京环境交易所、上海环境能源交易所同日成立，经营对象也是涵盖宽泛的各类环境权益产品。尽管平台可操作性程度有待实践检验，但与过去以环保部门为主要平台试点相比，目前排污交易试点和探索迈出一大步。

2009年2月，经财政部和环保部批复同意，浙江省成为全国首批试点省份。同年，浙江省政府出台《关于开展排污权有偿使用和交易试点工作的指导意见》，并挂牌成立浙江省排污权交易中心，正式启动排污权有偿使用和交易试点工作。试点5年来，浙江省从政策研究、制度设计、平台构建和市场交易等方面开展试点实践，省级层面出台《浙江省排污权有偿使用和交易试点工作暂行办法实施细则》《浙江省排污权有偿使用收入和排污权储备资金管理暂行办法》《浙江省初始排污权有偿使用费征收标准管理办法（试行）》《浙江省排污权抵押贷款暂行规定》等政策文件，推动各市、县初始排污权核定与分配，开征有偿使用费，实行建设项目主要污染物总量准入审核和交易替代，建成省控以上重点污染源刷卡排污系统，实现浓度和总量"双控"，启动建设排污权指标基本账户，出台以吨排污权税收指标为主要评价标准的产业转型升级排污总量控制激励政策，开展"三三制"分类排序，实行差异化减排考核政策，实现激励先进、淘汰落后，促进产业转型升级。通过努力，至2014 年上半年，浙江省 11 个设区市的 68 个县（市、区）已进行试点，累计开展排污权有偿使用 9573 笔，缴纳有偿使用费 17.25 亿元，排污权交易 3863 笔，交易额 7.73 亿元，排污权租赁 388 笔，交易额 699.28 万元，326 家排污单位通过排污权抵押获得银行贷款 66.55 亿元，试点工作走在全国前列①。

　　2014 年 8 月，国务院办公厅颁布了《国务院办公厅关于进一步推进排污权有偿使用和交易试点工作的指导意见》，该意见指出建立排污权有偿使用和交易制度，是我国环境资源领域一项重大的、基础性的机制创新和制度改革，是生态文明制度建设的重要内容，将对更好地发挥污染物总量控制制度作用，在全社会树立环境资源有价的理念，促进经济社会持续健康发展产生积极影响。建立排污权有偿使用制度，要严格落实污染物总量控制制度，试点的污染物应为国家作为约束性指标进行总量控制的污染物，试点地区也可选择对本地区环境质量有突出影响的其他污染物开展试点。要合理核定排污权，试点地区不得超过国家确定的污染物排放总量核定排污权，不得为不符合国家产业政策的排污单位核定排污权。要实行排污权有偿取得，规范排污权出让方式，加强排污权出让收入管理。排污权使用费由地方环境保护部门按照污染源管理权限收取，全额缴入地方国库，纳入地方财政预算管理。排污权出让收入统筹用于污染防治，任何单位和个人不得截留、挤占和挪用。试点地区财政、审计部门要加强对排污权出让收入使用情况的监督。总体来说，尽管我国排污交易政策实践已走过近 20 年路程，不断深化发展，但适应国情的排污交易市场机制尚未真正建立，仍面临许多问

---

　　①　浙江省排污权交易中心网站。

题。要使排污权交易理论与中国国情相融合，发挥该政策机制的效果，不仅仍需较长的磨合时期，更与改革进程中各种社会要素的发展方向与进程高度紧密关联[189]。

### 4.3.2.2 生态环境补偿

自 1992 年国务院提出"要建立林价制度和森林生态效益补偿制度，实行森林资源有偿使用"至 2004 年森林生态效益补偿基金的正式建立，我国在森林领域的生态补偿制度在实质上得以建立。2006 年第六次全国环境保护大会明确要完善生态补偿政策，建立生态补偿机制。地方自主性的探索实践在此之前已经不断探索，2003 年开始福建省政府主导在九龙江流域、闽江流域和晋江流域开展了下游受益地方对上游保护地方的经济补偿试点工作，2003年江西省开展了东江源自然保护区生态补偿，2005 年 8 月浙江省政府颁布了《关于进一步完善生态补偿机制的若干意见》，确立了建立生态补偿机制的基本原则、具体政策和措施等。目前在我国东部地区的部分省市已在辖区范围内的流域进行了建立生态补偿机制的试点，例如，浙江在全省流域实施生态补偿政策和机制试点，包括淳安县千岛湖的生态补偿、杭州市的生态补偿计划、浙江金东县水权补偿、浙江绍兴慈溪水权交易、兰溪水利枢纽工程生态补偿、义乌—东阳水权交易、浙江德清县西部乡镇生态补偿等。福建在省辖区、市辖区的三个流域（九龙江流域、闽江流域、晋江流域）的上下游实施生态补偿机制试点，并取了积极的成效。

2013 年 4 月，中共十二届全国人大常委会第二次会议审议《国务院关于生态补偿机制建设工作情况的报告》，要求出台建立健全生态补偿机制的意见。2015 年，中共中央、国务院印发的《关于加快推进生态文明建设的意见》《生态文明体制改革总体方案》，提出要加快形成受益者付费、保护者得到合理补偿的生态保护补偿机制。2016 年 4 月，国务院办公厅颁布了《国务院办公厅关于健全生态保护补偿机制的意见》，是国务院关于生态保护补偿方面的首个专门文件，是生态保护补偿的顶层制度设计，是指导重点领域补偿、重要区域补偿和地区间补偿的指导性文件。该意见明确了健全生态保护补偿机制应遵循的四条原则：一是权责统一、合理补偿；二是政府主导、社会参与；三是统筹兼顾、转型发展；四是试点先行、稳步实施。这些原则是对生态保护补偿工作经验的总结，是做好生态保护补偿工作的重要保证。该意见提出健全生态保护补偿机制的目标任务是：到 2020 年，实现森林、草原、湿地、荒漠、海洋、水流、耕地等重点领域和禁止开发区域、重点生态功能区等重要区域生态保护补偿全覆盖，补偿水平与经济社会发展状况相适应，跨地区、跨流域补偿试点示范取得明显进展，多元化补偿机制初步建立，基本建立符合我国国情的生态保护补偿制度体系，促进形成绿色生产方式和生活方式。

### 4.3.2.3　补贴

补贴相当于"负税收"，因此它和排污收费有着相同的激励机制，只不过它是对不污染行为给予奖励，而不是对污染行为给予惩罚。环境补贴主要有两种类型，即污染防治设备补贴和污染减排补贴，所采取的形式有拨款、贷款和税收贴息等。我国补贴实施主要有：一是脱硫、硝等电价补贴。2007 年，国家发改委颁布《燃煤发电机组脱硫电价及脱硫设施运行管理办法》，对完成脱硫改造的火电厂上网电力实施每度 1.5 分的补贴，对脱硫设施投运率及脱硫效率不高的火电企业实施了扣减脱硫电价、追缴排污费并进行罚款的处罚措施。2011 年 11 月，国家发改委出台燃煤发电机组试行脱硝电价试点政策，对北京等 14 个省（区、市）符合国家政策要求的燃煤发电机组，其上网电价在现行基础上每千瓦时加价 8 厘钱，用于补偿企业脱硝成本。脱硫、硫电价补贴政策加快了火电行业设施的建设和运行，极大进了二氧化硫减排。二是污水处理设施配套管网建设奖励补助。"中央财政城镇污水处理设施配套管网建设专项奖励补助资金"采取"以奖代补"形式，支持重点流域和中西部地区纳入国家"十一五"规划范围的城镇污水处理配套管网建设，鼓励提高城镇污水处理能力。三是三河三湖及松花江流域水污染防治财政专项补助。为确保"十一五"减排目标的实现，2007年中央财政决定设立三河三湖及松花江流域水污染防治专项补助资金。专项资金补助范围是三河三湖及松花江流域水污染防治规划确定的项目和建设内容，另外地方也制定了多种与环境保护相关的补助政策，例如，2010年上海市制定了化学需氧量超量削减补贴政策和二氧化硫超量削减奖励政策。

在国家层面，2011年12月28日财政部、环境保护部联合发布《中央重金属污染防治专项资金管理办法》，2013年12月26日财政部、环境保护部联发的《中央大气污染防治专项资金管理办法》。2015年财政部、环境保护部联合发布《水污染防治专项资金管理办法》后，2016年财政部、环境保护部再次联合发布《大气污染防治专项资金管理办法》和《土壤污染防治专项资金管理办法》，新办法均自2016年8月1日起正式实施。

## 4.3.3　自愿型环境规制工具运用的实践

### 4.3.3.1　环境信息公开和公众参与

在政府的环境信息公开方面，2003年原环境保护总局发布了《环境保护行政主管部门政务公开管理办法》，首次对政府部门环境信息公开提出了要求。2007年颁布的《环境信息公开办法（试行)》进一步对政府应依法公开的环境信息进行了明确规定。在企业环境信息公开方面，我国最早于 1998 年在江苏省镇江市和内蒙古自治区呼和浩特市进行了企业环境信息公开的试点工作，该制度于 2005 年在全国范围推广试点工作。2003 年，原环保总局颁布了《企业环境信息公开规定》首次对企业环境信息公开作了规定，2007 年《环境信息公开办法（试行）》进一步对企业环境信息公开进行了比较详细的规定。2008 年，原国家环保总局发布《关于加强上市公司环境保护监督管理工作的指导意见》，要求上市公司特别是重污染行业的上市公司披露相关环境信息，并规定了股民、媒体和社会各界的外部监督制度。2014 年 12 月，环境保护部颁布了《企业事业单位环境信息公开办法》，对重点排污企业实施强制公开环境信息，对重点排污企业以外的企事业单位实施自愿性公开环境信息。

　　我国环境法中的公众参与原则经历了一个逐步完善的过程。1996 年国务院《关于环境保护若干问题的决定》提出了要鼓励公众参与环境保护工作。2002 年颁布的《环境影响评价法》对环境影响评价中公众参与作了较为具体的规定。2006 年原国家环保总局发布的《环境影响评价公众参与暂行办法》，明确了公众参与的权利和具体程序，对于公众积极参与环境影响评价起到极大的推动作用。2014 年新《环境保护法》设立"信息公开和公众参与"专章，其中规定公民可以申请信息公开，社会组织可以提起公益诉讼，这些规定借鉴了国外环境立法的先进经验，体现了中国环境法制革新的民主化方向，对推动公众参与和推动创新社会治理、构建新型环境治理模式，有效化解环境社会矛盾、维护社会稳定具有重要意义。在地方层面，2005 年以来，沈阳、山西等省市陆续出台公众参与环境保护办法。2014 年 11 月，河北通过了《河北省公众参与环境保护条例》，这是我国首个省际环境公众参与地方性法规。

　　环境保护部于 2015 年 7 月颁布了《环境保护公众参与办法》，

该办法是自新修订的《环境保护法》实施以来，首个对环境保护公众参与做出专门规定的部门规章。该办法明确规定了环境保护主管部门可以通过征求意见、问卷调查，组织召开座谈会、专家论证会、听证会等方式开展公众参与环境保护活动，并对各种参与方式作了详细规定，规定了公众对污染环境和破坏生态行为的举报途径，以及地方政府和环保部门不依法履行职责的，公民、法人和其他组织有权向其上级机关或监察机关举报。

### 4.3.3.2　绿色信贷

绿色信贷是指利用信贷手段促进节能减排的一系列政策、制度安排及实践。具体是指金融机构在信贷发放过程中以国家的环境经济政策作为依据，注重对环境和社会问题进行审慎性把关，并将环境审核作为贷款发放的重要原则，加大对环境友好型企业的项目贷款支持并实施优惠性低利率政策，而对污染企业投资新建项目和流动资金授信进行限制，对不符合环境保护政策的产业进行信贷控制，从而实现信贷资金的绿色配置，推进金融业与生态环境保护协调并进的金融信贷政策。

我国绿色信贷政策于 2007 年 7 月正式启动，目前已成为一项十分活跃的环境经济政策，是促进节能减排的重要市场手段。2007年 6 月，中国银监会发布了《关于防范和控制高耗能高污染行业贷款风险的通知》和《节能减排授信工作指导意见》，要求各银行业金融机构积极配合环保部门，认真执行国家控制"两高"项目的产业政策和准入条件，并根据借款项目对环境影响的程度大小，按照ABC 三类实行分类管理。2007 年 7 月 30 日，国家环保总局、中国人民银行、中国银监会联合出台了《关于落实环境保护政策法规防范信贷风险的意见》，核心是对不符合环保要求的企业和项目进行信贷控制，将绿色信贷上升为一项政策制度与此同时，国家环保总局向中国人民银行征信管理局提供了 3 万多条企业环境违法信息，供商业银行据此采取停贷或限贷限制，此后，国有银行和商业银行逐步开始实施。在此基础上，2012 年中国银监会发布了《绿色信贷指引》，金融机构根据该办法积极完善行业信贷政策，加大了对节能环保等绿色经济领域的信贷支持力度，取得了显著的成效。由于实施绿色信贷政策的相关数据收集和处理存在一定困难，绿色信贷业务的风险评估标准和程序不完善，同时存在局部利益与绿色信贷之间存在矛盾和冲突①，所以绿色信贷的实施效果有待进一步提高。

### 4.3.3.3　其他

我国在实践中还广泛运用环境责任保险、环境认证和环境标志等规制工具，并取得了良好的效果。我国环境责任险的制度起源，可追溯至 1980 年的《国际油污损害民事责任公约》在我国的生效。之后，我国在相关领域进行了环境责任保险的立法，随后几年又出台了一些海洋环境保护方面的法律法规，但主要表现在海洋污染防治强制保险方面，如对实施油污损害和进行海洋石油勘探与开发的企业、事业单位实施环境责任强制保险。随着中国环境保护法规的完善和公众责任保险制度的发展，到 20 世纪 90 年代初，保险公司和当地环保部门合作推出了环境污染责任保险，1991 年 10 月大连市最早开展了此项业务，后来长春、沈阳、吉林等一些城市也相继开展了此项业务。2006 年由中国保监会与原国家环保总局正式启动了环境责任保险制度，并于 2007 年联合下发了《关于环境责任保险工作的指导意见》作为总纲领正式开展了 10 大城市重点行业和区域的环境责任保险试点示范工作，实现了环境责任保险制度下的投保与赔偿。截至 2011 年 6 月，全国环境责任保险试点工作取

---

① 刘传岩. 中国绿色信贷发展研究 ［J］. 税务与经济，2012（1）：29 – 32.

得积极进展,已有江苏、湖南、湖北、河南、四川、重庆、深圳、宁波和沈阳等 10 多个省市参与,投保企业涉及船舶、石油、化工、造纸、制药、电镀、冶炼、危险化学品制造,并且国务院保险监督管理机构还确定了 24 家保险单位为 2011 年中国籍船舶油污损害民事责任保险机构[①]。

环境认证。我国从 1996 年开始 ISO14000 环境管理体系认证试点工作,试点企业涉及机械、轻工、石化、冶金、建材、煤炭、电子等多种行业及各种经济类型。2001 年 8 月,国家环保总局下发了《环境管理体系认证管理规定》,现在环境管理体系认证基本上覆盖了各类产品和服务。

环境标志。我国自 2003 年就开始实施环境标志工作,2006 年 10 月,财政部和国家环保总局下发了《关于环境标志产品政府采购实施的意见》,要求各级国家机关、事业单位和团体组织(以下统称采购人)用财政性资金进行采购的,要优先采购环境标志产品,不得采购危害环境及人体健康的产品。2008 年 9 月,环保部出台了《中国环境标志使用管理办法》,此后政府部门定期调整公布环境标志产品政府采购清单。

# 4.4   省际环境规制强度的测度

## 4.4.1   环境规制强度测度指标的选择

环境规制从涉及的内容来看,包括公共环境政策、环境治理投

---

① 郭莲丽等. 我国环境责任保险发展现状研究 [J]. 科技管理研究,2012 (16): 205-208.

入、环境执法力度等多个方面，环境规制的衡量可以从投入（如环境基础设施投入、污染防治支出等）和产出（如污染物排放数量、环境质量的改善等）两方面进行。但是，由于数据难以获得或者数据质量不佳，限制了许多实证研究的开展。目前，对于环境规制的度量主要有以下几种思路：

（1）环境规制政策的数量和质量，通常以环境法律法规的数量或者将其拟合成绿色指数考察环境规制的强度（Low，1992[191]；包群和彭水军，2006[192]；王兵等，2010[193]）来衡量。

（2）环境规制政策的投入产出，主要采用治污投资占生产总值的比重（Gray，1987[194]）、治污费用支出（Fredriksson，2002[195]）、排污费收入（Levinson，1996[196]）、环境污染治理设施运行费用（张成，2010[197]）等指标。

（3）政府环境规制政策的执行力度，主要有政府环境管理机构对企业排污的检测次数（Brueckner，2003[198]）、规制机构对企业排污的惩罚力度（刘伟明，2013[199]）等。

（4）企业的环境保护执行情况，如污染治理支出占生产成本的比重（Berman & Bui，2001[200]；沈能，2012[201]）等。

（5）污染物控制的效果，包括污染物排放的变化（傅京燕和李丽莎，2010[202]；李玲和陶锋，2012[203]）和不同污染物排放密度（Cole & Elliott，2003[204]；张文彬等，2010）。

（6）以人均收入作为环境规制强度的内生指标（Mani & Wheeler，2003[205]；韩玉军和陆旸，2009[206]）。

（7）几种指标的结合（张成，2011[207]；李胜兰等，2014[208]）。

衡量环境规制的各个方面在指标表征和相关数据获取及质量方面均具有一定的局限性，比如以环境法律法规来衡量，包群等（2013）[209]以1990年以来中国各省份地方人大通过的84件环境立法为样本，考察地方环境立法监管的实际效果，研究显示单纯的环保立法并不能显著的抑制当地的污染排放，相反只有在环保执法力度严格或者是当地污染物相对严重的身份，通过环保立法才能起到明显的环境改善效果；又比如政府环境管理机构对企业排污的检测次数，实践中此类数据很难获得。鉴于数据的可得性和可靠性，以及研究的主要目标，本书借鉴第 5 类衡量思路，从污染物排放密度这一环境规制的最终结果的角度对环境规制强度进行测度。选取工业废水排放总量、工业废水中化学需氧量排放量、工业废气排放总量、工业二氧化硫排放量、工业烟粉尘排放量、工业固体废物产生量等六类环境污染指标，计算单位工业增加值的污染排放水平，单位工业增加值的污染排放越高，意味着环境规制强度越低。为了在降低数据维度的同时尽可能保留原有数据的信息，本书采用因子分析法测算环境规制强度综合指数，综合指数越高意味着环境规制强度越高，地方政府对环境的控制越严格。

## 4.4.2 环境规制强度综合指数的测度

### 4.4.2.1 数据

本书选取 2000~2013 年全国 31 个省市区单位工业增加值的污染物排放量指标，即单位工业增加值废水排放量、单位工业增加值废水中化学需氧量排放量、单位工业增加值废气排放量、单位工业增加值二氧化硫排放量、单位工业增加值烟粉尘排放量、单位工业增加值固体废物产生量，运用因子分析法计算环境规制强度指数。其中，各年的工业增加值以 2000 年为基期采用工业产品出厂价格指数进行平减，以消除价格因素的影响，烟尘排放和粉尘排放从 2011 年开始合并为烟粉尘排放，之前年份的烟粉尘排放量以烟尘排放量与粉尘排放量之和来表示。本书研究涉及的基础数据主要来源于 2001～2014 年《中国统计年鉴》《中国环境统计年鉴》《中国环境年鉴》《中国工业统计年鉴》及各省份的统计年鉴。原始数据无量纲化处理采用标准化方法，且由于单位工业增加值污染物排放水平越高，意味着当地的环境污染规制强度越低，指标为负向指标，在处理过程中，采用取负数的方法转化为正向指标，以保持评价指标与环境污染规制强度评价方向的一致性。

### 4.4.2.2　因子分析

基于上述指标选择，本书采取因子分析方法，首先，对标准化处理后的指标求解相关系数，相关系数矩阵见表 4 - 1，各个指标相关程度适宜进行因子分析。

表 4 - 1　　　　　　　　指标相关系数矩阵

| 指标 | $X_1$ | $X_2$ | $X_3$ | $X_4$ | $X_5$ | $X_6$ |
|------|-------|-------|-------|-------|-------|-------|
| $X_1$ | 1.000 | 0.673 | 0.211 | 0.547 | 0.616 | 0.081 |
| $X_2$ | 0.673 | 1.000 | 0.394 | 0.586 | 0.693 | 0.170 |
| $X_3$ | 0.211 | 0.394 | 1.000 | 0.665 | 0.537 | 0.564 |
| $X_4$ | 0.547 | 0.586 | 0.665 | 1.000 | 0.859 | 0.488 |
| $X_5$ | 0.616 | 0.693 | 0.537 | 0.859 | 1.000 | 0.450 |
| $X_6$ | 0.081 | 0.170 | 0.564 | 0.488 | 0.450 | 1.000 |

表 4 - 2 中 KMO 值为 0.761，介于 0.7～0.8，达到"适中"的标准，Bartlett 球形检验以 1% 的显著性拒绝原假设，也表明可以进行因子分析。

表 4-2 　　　　　　　　　　**KMO 和 Bartlett 检验**

| 取样足够度的 Kaiser - Meyer - Olkin 度量 | | 0.761 |
|---|---|---|
| Bartlett 的球形度检验 | 近似卡方 | 1667.100 |
| | df | 15 |
| | Sig. | 0.000 |

　　其次，提取因子，本研究最终提取 2 个因子，从因子解释原有变量总方差的情况来看，2 个因子的累积方差贡献率为 80.36%（见表 4-3），达到统计学贡献率 80% 的标准，因子提取的总体效果较理想，可以较好地反映我国省际环境规制强度的基本情况，其中，第一个因子的贡献率较大，达到 59.93%。

表 4-3 　　　　　　　　　**因子解释原有变量总方差情况**

| 成分 | 解释的总方差 | | | | | | | | |
|---|---|---|---|---|---|---|---|---|---|
| | 初始特征值 | | | 提取平方和载入 | | | 旋转平方和载入 | | |
| | 合计 | 方差(%) | 累积(%) | 合计 | 方差(%) | 累积(%) | 合计 | 方差(%) | 累积(%) |
| 1 | 3.596 | 59.931 | 59.931 | 3.596 | 59.931 | 59.931 | 2.633 | 43.886 | 43.886 |
| 2 | 1.226 | 20.431 | 80.362 | 1.226 | 20.431 | 80.362 | 2.189 | 36.476 | 80.362 |
| 3 | 0.439 | 7.322 | 87.684 | | | | | | |
| 4 | 0.339 | 5.656 | 93.340 | | | | | | |
| 5 | 0.291 | 4.854 | 98.194 | | | | | | |
| 6 | 0.108 | 1.806 | 100.000 | | | | | | |

　　为了避免误差，应通过碎石图验证因子的选取结果，该因子分析的碎石图如图 4-1 所示。碎石图在第三个因子之后趋于水平，表明应保留前两个因子，这与表 4-3 显示的结果一致。

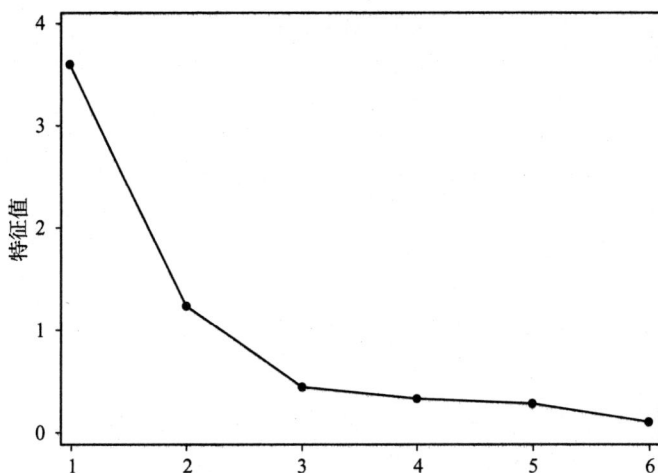

**图 4 - 1 环境规制强度综合指数碎石图**

再次，求解因子载荷，采用主成分分析法（Principal Component Analysis，PCA）得到因子载荷矩阵后，用最大方差法对因子载荷矩阵进行正交旋转，旋转后的因子载荷见表 4 - 4，各指标的因子载荷越大，表明该指标在该因子上的重要性越大。

表 4 - 4 　　　　　　　　　旋转后的因子载荷

| 指标 | 因子 1 | 因子 2 |
|------|--------|--------|
| $X_1$ | 0.902 | - 0.010 |
| $X_2$ | 0.868 | 0.170 |
| $X_3$ | 0.251 | 0.827 |
| $X_4$ | 0.654 | 0.645 |
| $X_5$ | 0.759 | 0.526 |
| $X_6$ | - 0.004 | 0.884 |

表 4 - 5 为因子得分系数矩阵，为因子的加权系数与该因子特征值的比值。

**表 4 - 5**                    **因子得分系数矩阵**

| 指标 | 因子 1 | 因子 2 |
|------|--------|--------|
| $X_1$ | 0.451 | - 0.244 |
| $X_2$ | 0.386 | - 0.127 |
| $X_3$ | - 0.094 | 0.428 |
| $X_4$ | 0.154 | 0.213 |
| $X_5$ | 0.238 | 0.114 |
| $X_6$ | - 0.235 | 0.529 |

最后，根据各个指标在各个因子的得分系数，分别计算各因子在每个样本上的具体数值，即因子得分，计算公式为：

$$F_1 = 0.451X_1 + 0.386X_2 - 0.094X_3 + 0.154X_4$$
$$+ 0.238X_5 - 0.235X_6 \qquad (4-1)$$
$$F_2 = - 0.244X_1 - 0.127X_2 + 0.428X_3 + 0.213X_4$$
$$+ 0.114X_5 + 0.529X_6 \qquad (4-2)$$

以各因子旋转后的方差贡献率计算三个因子的相对比重作为权重，对各样本的因子得分进行加权平均，得到我国各省份各年环境规制强度综合得分，计算公式为：

$$F = (43.886F_1 + 36.476F_2)/80.362 \qquad (4-3)$$

### 4.4.2.3 测度结果

2000~2013 年我国 31 个省份的环境规制综合得分具体见表 4 - 6。

基于 2000~2013 年我国 31 个省份的环境规制强度综合指数，得到各年的省际环境规制强度综合排名情况。从 2000 年与 2013 年省际环境规制强度排名的变化来看，北京、内蒙古、吉林、湖南、广西、重庆、四川、陕西等省份的环境规制强度显著提升，而河北、黑龙江、安徽、云南、西藏、青海、新疆等省份的环境规制强度相对下降。具体见表 4 - 7。

表 4-6　　2000~2013 年我国 31 个省份的环境规制综合得分

| 省份 | 2000年 | 2001年 | 2002年 | 2003年 | 2004年 | 2005年 | 2006年 | 2007年 | 2008年 | 2009年 | 2010年 | 2011年 | 2012年 | 2013年 |
|---|---|---|---|---|---|---|---|---|---|---|---|---|---|---|
| 北京 | 0.26 | 0.39 | 0.48 | 0.57 | 0.61 | 0.67 | 0.65 | 0.69 | 0.72 | 0.73 | 0.75 | 0.76 | 0.80 | 0.80 |
| 天津 | 0.29 | 0.36 | 0.38 | 0.45 | 0.57 | 0.54 | 0.61 | 0.65 | 0.70 | 0.72 | 0.72 | 0.73 | 0.75 | 0.78 |
| 河北 | -0.45 | -0.32 | -0.17 | -0.01 | -0.13 | -0.09 | -0.14 | 0.00 | 0.20 | 0.17 | 0.18 | 0.06 | 0.17 | 0.19 |
| 山西 | -2.06 | -1.80 | -1.60 | -1.14 | -0.91 | -0.62 | -0.57 | -0.28 | -0.10 | -0.11 | -0.11 | -0.12 | -0.05 | -0.07 |
| 内蒙古 | -1.44 | -1.06 | -0.99 | -1.26 | -1.20 | -0.85 | -0.58 | -0.20 | 0.04 | 0.17 | 0.19 | 0.23 | 0.30 | 0.34 |
| 辽宁 | -0.28 | -0.15 | 0.00 | 0.06 | 0.06 | -0.10 | -0.01 | 0.13 | 0.16 | 0.35 | 0.44 | 0.40 | 0.46 | 0.52 |
| 吉林 | -0.50 | -0.23 | -0.04 | 0.18 | 0.10 | 0.03 | 0.12 | 0.30 | 0.40 | 0.46 | 0.53 | 0.54 | 0.62 | 0.65 |
| 黑龙江 | 0.24 | 0.30 | 0.37 | 0.44 | 0.48 | 0.40 | 0.40 | 0.44 | 0.48 | 0.45 | 0.53 | 0.56 | 0.52 | 0.53 |
| 上海 | 0.41 | 0.46 | 0.50 | 0.57 | 0.61 | 0.65 | 0.66 | 0.69 | 0.70 | 0.71 | 0.72 | 0.71 | 0.71 | 0.73 |
| 江苏 | 0.20 | 0.13 | 0.25 | 0.36 | 0.42 | 0.43 | 0.49 | 0.56 | 0.59 | 0.63 | 0.64 | 0.62 | 0.65 | 0.68 |
| 浙江 | 0.19 | 0.25 | 0.33 | 0.41 | 0.44 | 0.46 | 0.48 | 0.55 | 0.58 | 0.60 | 0.62 | 0.65 | 0.68 | 0.70 |
| 安徽 | -0.22 | -0.12 | -0.02 | 0.00 | 0.03 | -0.05 | -0.08 | 0.09 | 0.17 | 0.31 | 0.41 | 0.39 | 0.47 | 0.53 |
| 福建 | 0.30 | 0.27 | 0.38 | 0.36 | 0.35 | 0.29 | 0.32 | 0.40 | 0.44 | 0.48 | 0.53 | 0.54 | 0.62 | 0.64 |
| 江西 | -1.06 | -0.64 | -0.51 | -0.48 | -0.40 | -0.21 | -0.12 | 0.06 | 0.16 | 0.29 | 0.39 | 0.37 | 0.45 | 0.49 |
| 山东 | 0.03 | 0.11 | 0.25 | 0.38 | 0.44 | 0.47 | 0.50 | 0.54 | 0.58 | 0.61 | 0.58 | 0.58 | 0.63 | 0.65 |
| 河南 | -0.36 | -0.22 | -0.12 | 0.07 | 0.09 | 0.13 | 0.24 | 0.37 | 0.47 | 0.50 | 0.55 | 0.50 | 0.57 | 0.58 |

续表

| 省份 | 2000年 | 2001年 | 2002年 | 2003年 | 2004年 | 2005年 | 2006年 | 2007年 | 2008年 | 2009年 | 2010年 | 2011年 | 2012年 | 2013年 |
|---|---|---|---|---|---|---|---|---|---|---|---|---|---|---|
| 湖北 | -0.05 | 0.10 | 0.16 | 0.21 | 0.17 | 0.07 | 0.16 | 0.28 | 0.37 | 0.48 | 0.54 | 0.52 | 0.61 | 0.64 |
| 湖南 | -0.72 | -0.57 | -0.41 | -0.43 | -0.42 | -0.27 | -0.07 | 0.13 | 0.30 | 0.38 | 0.47 | 0.54 | 0.60 | 0.63 |
| 广东 | 0.40 | 0.48 | 0.50 | 0.56 | 0.56 | 0.58 | 0.61 | 0.65 | 0.68 | 0.71 | 0.73 | 0.73 | 0.75 | 0.77 |
| 广西 | -3.09 | -2.44 | -2.14 | -1.64 | -2.05 | -1.70 | -1.25 | -0.87 | -0.60 | -0.32 | -0.06 | 0.15 | 0.24 | 0.40 |
| 海南 | -0.81 | -0.42 | -0.25 | 0.00 | 0.01 | 0.08 | 0.24 | 0.40 | 0.40 | 0.38 | 0.49 | 0.46 | 0.47 | 0.22 |
| 重庆 | -1.41 | -1.03 | -0.74 | -0.57 | -0.54 | -0.52 | -0.49 | -0.13 | 0.09 | 0.29 | 0.46 | 0.59 | 0.63 | 0.64 |
| 四川 | -1.09 | -0.99 | -0.74 | -0.43 | -0.43 | -0.26 | -0.26 | -0.03 | 0.28 | 0.41 | 0.44 | 0.53 | 0.59 | 0.64 |
| 贵州 | -2.73 | -1.96 | -1.59 | -1.17 | -0.98 | -0.69 | -1.13 | -0.80 | -0.27 | -0.23 | -0.21 | -0.25 | -0.12 | -0.13 |
| 云南 | -0.49 | -0.32 | -0.17 | -0.08 | -0.13 | -0.13 | -0.14 | -0.01 | 0.09 | 0.11 | 0.20 | -0.20 | 0.04 | 0.12 |
| 西藏 | -0.21 | -0.20 | 0.14 | 0.43 | 0.23 | 0.31 | 0.52 | 0.59 | 0.57 | 0.61 | 0.68 | 0.23 | 0.30 | 0.37 |
| 陕西 | -1.29 | -0.89 | -0.67 | -0.45 | -0.44 | -0.18 | 0.05 | 0.14 | 0.26 | 0.35 | 0.42 | 0.47 | 0.56 | 0.58 |
| 甘肃 | -1.17 | -0.84 | -0.74 | -0.79 | -0.48 | -0.46 | -0.26 | -0.03 | 0.06 | 0.07 | 0.20 | -0.08 | 0.00 | 0.13 |
| 青海 | -0.74 | -0.59 | -0.33 | -0.37 | -0.42 | -0.70 | -0.62 | -0.33 | -0.25 | -0.14 | -0.09 | -0.74 | -0.60 | -0.48 |
| 宁夏 | -4.50 | -3.71 | -2.79 | -2.15 | -1.62 | -2.13 | -1.81 | -1.26 | -0.85 | -0.65 | -1.59 | -0.90 | -0.62 | -0.48 |
| 新疆 | -0.26 | -0.23 | -0.20 | 0.01 | -0.18 | -0.07 | -0.01 | 0.02 | 0.12 | 0.00 | 0.12 | 0.09 | -0.04 | -0.07 |

资料来源：根据《中国统计年鉴》《中国环境统计年鉴》《中国环境年鉴》《中国工业统计年鉴》等计算整理。

表 4 - 7　　　　2000~2013 年我国省际环境规制强度指数排名的比较

| 省份 | 2000 年排名 | 2013 年排名 | 省份 | 2000 年排名 | 2013 年排名 |
|---|---|---|---|---|---|
| 北京 | 5 | 1 | 湖北 | 10 | 9 |
| 天津 | 4 | 2 | 湖南 | 19 | 13 |
| 河北 | 16 | 24 | 广东 | 2 | 3 |
| 山西 | 28 | 27 | 广西 | 30 | 20 |
| 内蒙古 | 27 | 22 | 海南 | 21 | 23 |
| 辽宁 | 14 | 18 | 重庆 | 26 | 12 |
| 吉林 | 18 | 7 | 四川 | 23 | 11 |
| 黑龙江 | 6 | 17 | 贵州 | 29 | 29 |
| 上海 | 1 | 4 | 云南 | 17 | 26 |
| 江苏 | 7 | 6 | 西藏 | 11 | 21 |
| 浙江 | 8 | 5 | 陕西 | 25 | 15 |
| 安徽 | 12 | 16 | 甘肃 | 24 | 25 |
| 福建 | 3 | 10 | 青海 | 20 | 30 |
| 江西 | 22 | 19 | 宁夏 | 31 | 31 |
| 山东 | 9 | 8 | 新疆 | 13 | 28 |
| 河南 | 15 | 14 | | | |

资料来源：根据《中国统计年鉴》《中国环境统计年鉴》《中国环境年鉴》《中国工业统计年鉴》等计算整理。

从各省份的横向比较来看，北京、天津、上海、广东等经济发达省市的环境规制强度较高，而贵州、云南、甘肃、青海、宁夏、新疆等西部欠发达省份的环境规制强度则较低，各省份的环境规制强度水平在空间上存在一定的关联性。

## 4.5　省际环境规制强度的空间特征

前文的研究表明，我国环境污染存在显著的空间集聚现象，而且环境污染的空间依赖性进一步加强。本节将继续对我国各省份环境规制强度展开研究，探讨省际环境规制是否存在地理空间上的集聚以及具体的空间分布格局。

## 4.5.1 环境规制强度的全局空间自相关检验

空间自相关性可以通过 Moran 指数来检验，表 4 – 8 为 2000 ~ 2013 年省际环境规制强度的 Moran 指数，可以看出，环境规制强度的 Moran 指数均为正值，除 2010 年通过了 10% 的显著性水平检验外，其余年份均通过了 5% 的显著性水平检验，这表明我国省际环境规制强度在空间分布上具有显著的正相关性，存在显著的空间依赖性。

表 4 – 8 　　　　　 2000 ~ 2013 年省际环境规制强度的 **Moran** 指数

| 年份 | Moran | Z 值 | P 值 |
|------|-------|------|------|
| 2000 | 0.248 | 2.555 | 0.005 |
| 2001 | 0.243 | 2.529 | 0.006 |
| 2002 | 0.262 | 2.632 | 0.004 |
| 2003 | 0.302 | 2.928 | 0.002 |
| 2004 | 0.278 | 2.723 | 0.003 |
| 2005 | 0.242 | 2.478 | 0.007 |
| 2006 | 0.232 | 2.336 | 0.010 |
| 2007 | 0.232 | 2.337 | 0.010 |
| 2008 | 0.202 | 2.073 | 0.019 |
| 2009 | 0.203 | 2.059 | 0.020 |
| 2010 | 0.114 | 1.579 | 0.057 |
| 2011 | 0.227 | 2.312 | 0.010 |
| 2012 | 0.265 | 2.622 | 0.004 |
| 2013 | 0.212 | 2.135 | 0.016 |

## 4.5.2　环境规制强度的局部空间关联分析

本节继续采用局域空间相关性指数 Moran's I 指数，即局域空间关联指标 LISA，对局部地区的空间聚集形态进行检验。从省际环境规制强度的 Moran's I 指数散点图可以看出，我国省际环境规制强度的空间集聚分为四个象限的空间关联模式，2000 年的 Moran 散点图表明（见图 4 - 2），处于第一象限（HH）的省份有北京、天津、河北、吉林、上海、江苏、浙江、安徽、福建、山东、河南、西藏、新疆，这些省份的环境规制强度相对较高，同时被环境规制强度较高的省份所包围；处于第二象限（LH）的省份有江西、海南、青海，这些环境规制强度较低的省份被环境规制强度较高的省份所包围；处于第三象限（LL）的省份有山西、内蒙古、广西、重庆、四川、贵州、陕西、甘肃、宁夏，这些省份的环境规制强度较低，同时周边的省份环境规制强度也较低；处于第四象限（HL）的省份有辽宁、黑龙江、湖北、湖南、广东、云南，这些省份的环境规制强度较高，但被环境规制强度较低的省份所包围。

从 2013 年的 Moran 散点图来看（见图 4 - 3），处于第一象限（HH）的省市有北京、天津、吉林、上海、江苏、浙江、安徽、福建、山东、河南、江西、重庆、黑龙江、湖北、湖南、广东，这些省份的环境规制强度较高，同时被环境规制强度较高的省份所包围；处于第二象限（LH）的省份有河北、海南、山西、贵州，这些环境规制强度较低的省份被环境规制强度较高的省份所包围；处于第三象限（LL）的省份有西藏、新疆、青海、内蒙古、广西、甘肃、宁夏、云南，这些省份的环境规制强度较低，同时周边的省份环境规制强度也较低；处于第四象限（HL）的省份有四川、陕西、辽宁，这些省份的环境规制强度较高，但被环境规制强度较低的省份所包围。

Moran scatterplot（Moran's I = 0.248）
hjgzz

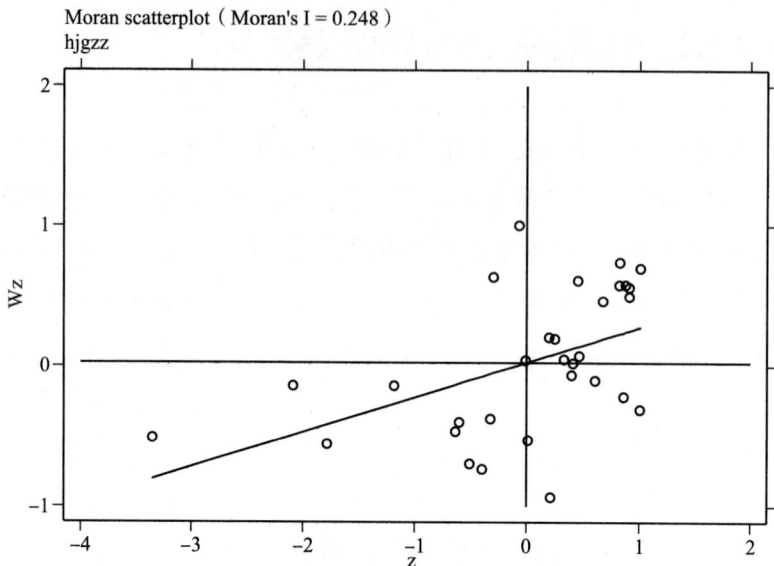

图 4 - 2　2000 年省际环境规制强度 Moran 散点图

Moran scatterplot（Moran's I = 0.212）
hjgzz

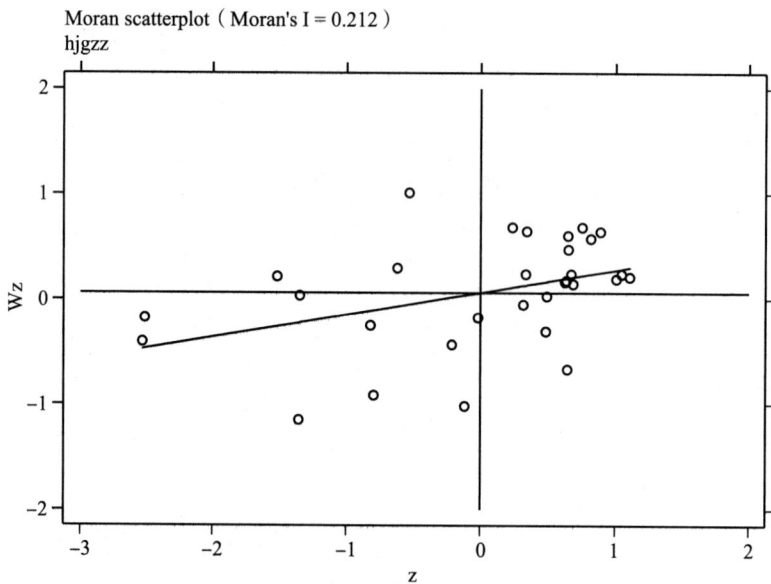

图 4 - 3　2013 年省际环境规制强度 Moran 散点图

Moran 散点图的第一、第三象限体现出正的空间自相关性，而第二、第四象限体现出负的空间自相关性。2000 年和 2013 年的 Moran 散点图均显示大部分省份位于第一象限（HH）和第三象限（LL），2000 年有 13 个省份位于 HH 象限，7 个省份位于 LL 象限，而到 2013 年位于 HH 象限的省份增加至 16 个，位于 LL 象限的省份增加至 9 个，位于第一、第三象限的省份合计占样本总数的比例从 66.67% 上升至 80.65%，据此可以判断，自 2000 ~ 2013 年，我国省际环境规制强度的空间依赖性进一步增强。

## 4.5.3　环境规制强度的空间动态跃迁分析

空间动态跃迁的具体类型有相关空间邻近的跃迁；发生相对位移的跃迁；空间整体跃迁以及保持原有空间关系等四类，对于 2000 ~ 2013 年我国省际环境规制强度的空间关系的变化，属于第一类变迁的省份有 7 个，第二类变迁的省份有 5 个，这两类省份之间存在一定的空间关联，即某一省份环境规制强度水平的相对变化，会导致自身产生第二类变迁，而其邻近省份产生第一类变迁，其中，江西、四川、陕西的环境规制强度有所增加，而河北、云南的环境规制强度则相对下降；第三类变迁的省份有 3 个，其中，西藏、新疆两区及其邻近省份的环境规制强度处于相对下降趋势，而重庆及其邻近省份的环境规制强度的相对水平在这十几年内显著提升；第四类即保持原有空间关系的有 18 个，占 31 个省份的 58.06%，即一半以上的省份表现出空间上的稳定性，因此，环境规制强度在我国地理分布上存在较为显著的路径依赖特征。具体见表 4 - 9。

表4-9 2000～2013年我国省际环境规制强度的空间跃迁

| 类型 | 变迁路径 | 代表省份 |
|---|---|---|
| 相关空间邻近省份的跃迁 | HH - HL | |
| | HL - HH | 黑龙江、湖北、湖南、广东 |
| | LH - LL | 青海 |
| | LL - LH | 山西、贵州 |
| 相对位移省份的跃迁 | HH - HL | 河北 |
| | HL - LL | 云南 |
| | LH - HH | 江西 |
| | LL - HL | 四川、陕西 |
| 某省份及其邻居均跃迁 | HH - LL | 西藏、新疆 |
| | LL - HH | 重庆 |
| | LH - HL | |
| | HL - LH | |
| 省份及其邻居保持相同水平 | | 北京、天津、吉林、上海、江苏、浙江、安徽、福建、山东、河南、海南、内蒙古、广西、甘肃、宁夏、辽宁 |

　　通过局域 LISA 集群图还可以发现，我国环境规制强度在区域空间分布上形成了比较明显的聚集区域。从 2000 年的 LISA 集群图来看，环境规制强度的高值聚集区，即高环境规制强度的省份被同样高强度省份所包围的有两个区域，我国的东部沿海地区以及西部的新疆和西藏自治区；环境规制强度的低值聚集区，即低环境规制强度的省份被同样低强度省份所包围的区域，为大部分西部地区省份以及中部的省份。

　　选用 2013 年的 LISA 集群图进行对比可以看出，环境规制强度的高值聚集区呈现出从我国的东部沿海地区向中部内陆地区进一步扩展的趋势，我国的环境规制强度在空间上的聚集程度进一步增加。而环境规制强度的低值聚集区，则仍主要集中在西部地区，但是各省份之间也出现了显著的分化。随着我国环境规制力度的进一步加强，中部地区省份乃至部分西部地区省份从低环境规制强度向高环境规制强度跃迁的趋势会越来越明显。

# 4.6 本章小结

我国的环境保护事业是从 20 世纪 70 年代起步的，先后经历了开始起步、快速发展和全面深化三个阶段，环境管理机构逐步完善，管理体制机制进一步理顺，同时环境规制工具的应用也由单一的命令控制型规制发展到命令—控制型、市场型和自愿型相结合的综合应用。

环境规制可以从各个方面进行衡量，本书从环境规制对环境污染最终效果的角度对选取了工业废水排放总量、工业废水中化学需氧量排放量、工业废气排放总量、工业二氧化硫排放量、工业烟粉尘排放量、工业固体废物产生量等六类环境污染指标，计算单位工业增加值的污染排放水平，即污染物排放密度，运用因子分析法测度了环境规制强度综合指数。

从 2000 年与 2013 年省际环境规制强度排名的变化来看，北京等七省市的环境规制强度相对水平显著提升，而河北等七省份的环境规制强度相对下降。从各省份的横向比较来看，北京等经济发达省市的环境规制强度较高，而贵州等西部欠发达省份的环境规制强度则较低，各省份的环境规制强度水平在空间上存在一定的关联性。

通过全局空间自相关检验，发现我国省际环境规制强度在空间分布上具有显著的正相关性，且从 2000 ~ 2013 年，这种空间自相关性进一步加强。采用局部空间关联指标对我国省际环境规制强度的空间聚集形态进行了分析，讨论了各省份与邻近省份的相对关系，得到"低—低、高—高"省份的比例显著大于"低—高、高—低"的省份，可以看出，我国环境规制强度存在显著的空间依赖性。就环境规制强度的动态跃迁而言，环境规制强度的高值聚集区呈现出从我国东部沿海地区向中部内陆地区进一步扩展的趋势，而环境规制强度的低值聚集区，主要集中在西部地区，但是发展趋势在各省份之间也出现了显著的分化。

第 5 章

# 中国环境规制对环境污染
# 影响的实证分析

通过对我国省际环境污染和环境规制强度的空间特征及动态跃迁的分析，可以看出我国省际环境污染存在显著的空间聚集特征，省际环境规制强度也具有明显的空间相关性。我国省际环境污染与环境规制在空间分布上形成了不同的集聚区域，通过对比可以发现，环境规制强度的低水平聚集区大多对应环境污染严重的省份，而环境规制强度的高水平聚集区一般对应环境污染较轻的省份。因此，可以初步判断环境规制强度的提升将有利于改善我国区域环境质量，本书将采用空间计量模型对其进行实证检验。

## 5.1 模型设定

### 5.1.1 基本模型

环境污染问题和社会经济发展的关系研究，一般采用在环境库兹涅茨曲线检验的基础上，引入特定因素来考察其对环境污染的影响。本书也采用这一思路，以公式（5-1）所示模型为基础：

$$E_{it} = \beta_0 + \beta_1 Y_{it} + \beta_2 Y_{it}^2 + \beta_3 R_{it} + \beta_4 X_{it} + \varepsilon_{it} \qquad (5-1)$$

式中：i 代表地区，t 表示时间，$E_{it}$ 为环境质量指标，Y 为经济增长，R 为环境规制，X 为影响环境污染的其他控制变量，$\varepsilon$ 为随机误差项。

环境污染问题具有非常强的外部性特征，这在地域空间上表现得尤为明显。空间计量经济学理论认为一个地区空间单元上的某种经济地理现象与邻近地区空间单元上的同一现象是相关的，同理一个地区的环境质量不仅受到本地区经济增长的影响，还受到相邻地区环境质量的影响[210]。因此，空间因素对于环境经济问题研究具有重要的作用[211]。而环境规制、产业转移等因素又进一步增强了地区间环境污染和经济发展的空间联动性，环境污染的空间相关性使得地区间环境污染以及治理存在显著的空间效应[212]。据此，本书将空间因素纳入对环境规制与环境污染之间关系的研究，进一步构建空间计量模型进行分析。

## 5.1.2　空间计量模型

在空间经济计量模型中，通过变量的空间滞后因子将空间相关性设定为变量的空间自相关形式，并根据观测值空间相关性的不同分为空间滞后模型（spatial lag model，SLM）和空间误差模型（spatial error model，SEM）两种空间分析模型。

### 5.1.2.1　空间滞后模型

空间滞后模型，是指在模型中设置因变量空间自相关项（也称为空间滞后因子）的回归模型，常常用于研究某一地区的社会经济行为受其邻近地区社会经济行为溢出影响的情形（Ord，1975[213]）。空间滞后模型通常考虑因变量的相关性，即某一空间上的因变量不仅与同一空间上的自变量有关，还与相邻空间的因变量有关。具体形式为：

$$y = \rho Wy + X\beta + \varepsilon \qquad (5-2)$$

其中，y 为因变量；X 为 $n \times k$ 阶自变量矩阵；$\varepsilon$ 为随机误差项参数向量；W 为空间权重矩阵，反映因变量自身的空间趋势；Wy 为因变量的空间变量；$\rho$ 为相邻空间因变量的共同作用对本地区因变量的影响系数，主要反映因变量之间的空间相关性强度，当 $\rho$ 大于零时，表明相邻空间的相互作用表现为溢出效应。

### 5.1.2.2 空间误差模型

空间误差模型，是指对模型中的误差项设置空间自相关项的回归模型。该模型的特点是将研究对象间的相互关系通过其误差项的空间相关关系得以体现。它假定空间变量的空间依赖性不仅是通过因变量而且还通过其他变量产生的，该模型不仅考虑了因变量的空间相关性，而且考虑了包括自变量在内的其他变量的空间相关性，并通过不同地区的空间协方差来反映误差过程。具体形式为：

$$y = X\beta + \mu, \quad \mu = \lambda W\mu + \varepsilon \qquad (5-3)$$

其中，y 为因变量；X 为 $n \times k$ 阶自变量矩阵；$\varepsilon$ 为随机误差项参数向量；W 为空间权重矩阵，$W\mu$ 为随机误差项的空间变量；参数 $\lambda$ 反映回归残差之间空间相关性强度。

## 5.1.3 分析模型设定

本章设置空间计量模型来全面考察我国省际环境规制对环境污染的影响。其中，空间滞后模型设置为：

$$E_{it} = \rho WE_t + \beta_0 + \beta_1 Y_{it} + \beta_2 Y_{it}^2 + \beta_3 R_{it} + \beta_4 X_{it} + \varepsilon_{it} \qquad (5-4)$$

其中，$\rho$ 为空间回归系数，反映了各观测值之间的空间依赖性，即相邻地区的观测值 WE 对本地区环境污染观测值 E 的影响程度和方向；W 为 $n \times n$ 的空间权重矩阵，本书采用空间邻接权重矩阵，即当省份 i 和省份 j 相邻时，W 取值为 1；当省份 i 和 j 不相邻时，W 取值为 0。WE 代表空间滞后因变量，体现了空间距离对省际环境污染的影响程度；$\varepsilon$ 则为随机误差项向量。

空间误差模型的设置为：

$$E_{it} = \beta_0 + \beta_1 Y_{it} + \beta_2 Y_{it}^2 + \beta_3 R_{it} + \beta_4 X_{it} + \mu_{it}, \quad \mu_{it} = \lambda W \mu_t + \varepsilon_{it}$$

$$(5-5)$$

式中，参数 $\lambda$ 为空间误差系数，主要是衡量观察值中的空间依赖程度，即相邻省份环境污染对本省份环境质量的影响程度和方向，$\varepsilon$ 为正态分布的随机误差向量。

# 5.2　指标选取及数据说明

## 5.2.1　数据来源

本章选取 2000～2013 年度全国除港澳台地区外的 31 个省（市、区）的面板数据作为研究样本，所用原始数据主要来源于 2001～2014 年《中国统计年鉴》《中国环境年鉴》《中国环境统计年鉴》《中国工业统计年鉴》以及各省市区的统计年鉴，个别缺失数据进行了相应的统计处理。

## 5.2.2　指标选取

本章分析模型涉及的公式（5-4）、公式（5-5）中的相关变量指标选取如下：

（1）环境质量：选取省际环境污染综合指数（E）衡量，环境质量的决定因素应由组成该环境的众多环境要素构成，需要综合各类环境污染度量指标，测算环境污染综合指数。本书基于数据有效性和可得性原则，选取工业废水排放总量、工业废水中化学需氧量排放量、工业废气排放总量、工业二氧化硫排放量、工业烟粉尘排放量、工业固体废物产生量等六类环境污染指标，采用因子分析法计算得出环境污染综合指数，以期能够较为全面的反应各省份的环境质量状况。

（2）经济增长：以人均地区生产总值衡量。各年人均地区生产总值均以 2000 年为基期修正，以剔除物价水平变动的影响。环境问题始终与经济发展紧密联系，本书基于环境库兹涅茨倒 "U" 型曲线假说，引入人均地区生产总值的平方项考察环境污染与经济发展之间的关系，且对人均地区生产总值进行取对，得到基于人均地区生产总值增速的弹性系数。

（3）环境规制：以环境规制强度综合指数衡量。环境规制包括公共环境政策、环境治理投入、环境执法力度等多个方面，据此对环境规制的度量主要有环境规制政策、治污费用支出、治污执法次数等。同时，也可以从环境规制的最终效果即环境污染状况的改变来度量。环境规制的各个方面在指标表征和相关数据方面均具有一定的局限性，而从污染物排放密度这一环境规制的最终结果的角度对环境规制强度进行衡量，较为直接和准确。因此，本章仍然借鉴污染物排放密度这一思路，采用单位工业增加值的污染物排放量度量环境规制强度。选取工业废水排放总量、工业废水中化学需氧量排放量、工业废气排放总量、工业二氧化硫排放量、工业烟粉尘排放量、工业固体废物产生量等六类环境污染指标，计算单位工业增加值的污染排放水平，采用因子分析法计算环境规制强度综合指数，综合指数越高意味着环境规制强度越高，地方政府对环境的控制也越严格。

（4）控制变量：环境质量是由多种因素综合影响的结果，为了避免变量遗漏造成偏差，本章在计量模型中增加了可能影响环境质量的其他控制变量（X），主要包括：

①工业化水平：以工业总产值占地区生产总值比重来衡量。通常，在工业化发展初期，工业化推进速度的加快会带来资源的过度开发使用，造成污染排放物的剧增，而在工业化发展后期，第二产业的比重将会不断下降，第三产业的比重会逐渐提升，随之资源消耗量将会减少，工业化进程将对环境质量产生积极影响，环境污染的压力将有所减缓。

②城镇化水平：以城镇人口占总人口比重来衡量。城镇化进程近似一条 S 形曲线（Northam，1979），可分为城镇化水平较低且发展缓慢的初始阶段（initial stage）、城镇化水平急剧上升的加速阶段（acceleration stage）以及城镇化水平较高且增速趋缓至停滞的最终阶段（terminal stage）[214]，国际经验表明，在城镇化加速阶段环境保护压力将不断增大。城镇化不同阶段对环境的影响程度及方向是不同的，在城镇化加速阶段的初期，城镇化速度较快，对环境保护压力不断加大（李佐军和盛三化，2012[215]），超过拐加速点后，城镇化速度相对下降，对环境的压力将有所缓解。

③对外开放：以进出口贸易总额与地区生产总值之比来衡量，进出口贸易总额根据历年外汇比率从美元换算为人民币。以初级产品为主体的对外贸易模式在促进东道国经济增长的同时，会对当地资源与环境产生不良影响，随着对外贸易的转型升级，以高增加值、高新技术产品为主体的对外贸易则会促进当地环境问题的改善（Dean，2000[216]）。

④技术进步：以资本存量与劳动人数的比率来衡量，资本存量

K 用工业固定资产净值年平均余额来表示，劳动力人数用工业全年单位从业人员人数表示（盛斌和吕越，2012[217]），固定资产净值根据历年固定资产价格指数进行平减，以消除价格影响。技术进步分为两类，一是先进的清洁技术，这类技术的使用本身可以促进企业的节能减排，从而直接有利于环境质量改善，二是其他的技术进步和技术水平的提高，会促进地区产业结构转型升级，污染物排放的结构也会发生较大的改变，从而间接地促进地区环境质量的改善。

在纳入上述四个控制变量后，本章的分析模型拓展为如公式（5-6）、公式（5-7）所示。

空间滞后模型（SLM）：

$$E_{it} = \rho WE_t + \beta_0 + \beta_1 \ln Y_{it} + \beta_2 \ln^2 Y_{it} + \beta_3 R_{it} + \beta_4 I_{it}$$
$$+ \beta_5 U_{it} + \beta_6 O_{it} + \beta_7 T_{it} + \varepsilon_{it} \tag{5-6}$$

空间误差模型（SEM）：

$$E_{it} = \beta_0 + \beta_1 \ln Y_{it} + \beta_2 \ln^2 Y_{it} + \beta_3 R_{it} + \beta_4 I_{it} + \beta_5 O_{it} + \beta_6 U_{it} + \beta_7 T_{it} + \mu_{it}$$
$$\mu_{it} = \lambda W \mu_t + \varepsilon_{it} \tag{5-7}$$

式中，E 为环境污染综合指数；Y 为人均地区生产总值；R 为环境规制强度指数；I 为工业总产值占地区生产总值的比重，U 为城镇人口占总人口比重，O 为进出口贸易总额与地区生产总值之比，T 为资本劳动比。具体指标数据的统计描述见表 5-1。

表 5-1　　　　　　　　　样本数据变量的统计描述

| 变量 | 单位 | 均值 | 标准差 | 最小值 | 最大值 |
|---|---|---|---|---|---|
| E | 1 | 0 | 0.582561 | -0.87775 | 2.22996 |
| lnY | 元 | 9.639235 | 0.706088 | 7.886667 | 11.19381 |
| $\ln^2 Y$ | 元 | 93.41226 | 13.65143 | 62.19951 | 125.3013 |
| R | 1 | 0 | 0.710585 | -4.4916 | 0.8035 |

| 变量 | 单位 | 均值 | 标准差 | 最小值 | 最大值 |
|---|---|---|---|---|---|
| I | % | 110.4033 | 45.9366 | 10.73083 | 229.3538 |
| U | % | 42.46021 | 17.00093 | 12.78 | 89.6 |
| O | % | 30.71257 | 38.56163 | 0.545066 | 187.5004 |
| T | 万元/人 | 18.04731 | 12.30984 | 4.897599 | 108.0576 |

资料来源：根据《中国统计年鉴》《中国环境年鉴》《中国环境统计年鉴》《中国工业统计年鉴》等计算整理。

# 5.3 环境规制对环境污染影响的空间计量检验

## 5.3.1 空间自相关检验

### 5.3.1.1 空间相关性检验的基本原理

按照检验的顺序，空间自相关检验一般分为事前检验和事后检验。通常，事前检验是对统计上是否存在空间自相关和存在哪种形式进行检验，一般在模型设定之前进行，而事后检验是检验空间计量模型的设定是否有效地解决了空间效应问题。

（1）事前检验。空间相关性的事前检验是指对模型中的空间相关性进行预检验，若经济计量模型中的变量或误差项存在显著的空间相关性，则需要在模型中进行空间相关性的设置。常见的检验方法有 Moran's I 检验、极大似然 LM-lag 检验、极大似然 LM-error 检验、稳健 LM-lag 检验和稳健 LM-error 检验。

①Moran's I 检验。Moran's I 检验的原假设为变量间不存在任何

形式的空间相关性，备择假设为变量间至少存在某种形式的空间相关性。Moran's I 检验最早由 Moran 提出，此后 Cliff 和 Ord 在变量满足独立同分布的假定下，推导出较大样本条件下 Moran's I 的统计量分布。

基于模型 $y = X\beta + \mu$，Moran's I 的一般表达式为：

$$I = \frac{N}{S} \frac{e' W e}{e' e} \tag{5-8}$$

其中，N 是观测点数；W 是空间权重矩阵；$S = \sum\limits_{i,j} W_{ij}$；e 是回归方程 OLS 估计的残差。

②极大似然 LM-error 检验和 LM-lag 检验。Moran's I 检验只能检验变量是否存在空间相关性，但无法确定空间相关性在模型中的具体设定形式。为了确定模型中空间相关性的设定形式，需要对空间滞后模型和空间误差模型分别采用极大似然 LM-lag 或极大似然 LM-error 检验。

Burridge（1980）最早提出误差项是否存在空间相关性的极大似然 LM-error 检验[218]。LM-error 检验的原假设是不存在空间误差自相关，即在模型（5-3）中，$\lambda = 0$。该检验的表达式为：

$$\text{LM-error} = (e' W e / \delta^2)^2 / T \tag{5-9}$$

其中，$\text{LM-error} \sim \chi^2(1)$，e 是回归方程 OLS 估计的残差；W 是空间权重矩阵；$\delta^2 = e' e / N$；$T = \text{tr}(W' W + W^2)$。

Anselin（1988）[219]提出了检验空间滞后模型因变量是否存在自相关的极大似然 LM-lag 检验。LM-lag 检验的原假设是不存在因变量空间自相关，即在模型（5-2）中，$\rho = 0$。该检验的表达式为：

$$\text{LM-lag} = (e' W Y / \delta^2)^2 / J \tag{5-10}$$

其中，W 是空间权重矩阵；$J = [T + (W\hat{\beta})' M(W X\hat{\beta}) / \delta^2]$；其他参数含义与公式（5-9）相同。

③稳健 LM-error 检验和稳健 LM-lag 检验。在数据生成过程满足

模型经典假设的情况下，基于渐近分布理论的极大似然 LM-error 检验和 LM-lag 检验具有很强的功效。然而，当数据生成过程不满足模型经典假设条件时，极大似然 LM-error 检验和 LM-lag 检验的功效将减弱。为保证在经典假设条件不满足的情况下 LM 检验仍可使用，Bera 和 Yoon（1993）[220] 提出了因变量存在自相关但被忽略时的稳健 LM-error 检验，以及误差项存在空间自相关但被忽略时的稳健 LM-lag 检验统计量。

稳健 LM-error 检验统计量表达式为：

$$\text{LM-error}^* = [\,(e'W_2e/\delta^2) - TJ^{-1}(e'W_1Y/\delta^2)\,]^2/(T - T^2J^{-1})$$

$$(5-11)$$

稳健 LM-lag 检验统计量表达式为：

$$\text{LM-lag}^* = (e'W_1Y/\delta^2 - e'W_2e/\delta^2)^2/(J - T) \qquad (5-12)$$

稳健 LM-error 检验和稳健 LM-lag 检验是分别在 LM-error 检验和 LM-lag 检验基础上，考虑被忽略的空间相关性的修正检验。对于 SEM 模型和 SLM 模型的比较和选择则依赖具体的统计量 LM（error）和 LM（lag）。Anselin（1996）[221] 指出若 LM-error 和 LM-lag 两个检验均通过，则要根据 Robust LM（lag）和 Robust LM（error）统计量进行判别，如果两个统计量都显著，则需要检查模型是否存在其他的设定误差源。

（2）事后检验。空间相关性事后检验是指根据空间经济计量模型的估计结果，对模型中空间效应设定正确与否进行的检验。常用的检验方法包括条件 LM 检验，LR 检验和 Wald 检验。

①条件 LM 检验。极大似然 LM-error 检验和 LM-lag 检验是分别针对空间误差模型和空间滞后模型的边际检验，当只存在部分空间自相关效应时，上述检验方法将不适用。为此，Anselin（1988）提出了在存在其他形式的空间效应时，空间相关性检验的条件 LM 检验。

当存在因变量空间滞后项（$\rho \neq 0$）时，误差项空间自相关检验的条件 LM 检验统计量为：

$$LM_{\rho,\lambda} = (e'We/\delta^2)^2 [T_{22} - T_{21A} var(\hat{\lambda})]^{-1} \sim \chi^2(1)$$

$$(5-13)$$

其中，模型中的参数估计值为空间滞后模型的极大似然估计值；e 是极大似然估计残差值；$T_{22} = tr(W_2 W_2 + W_2' W_2)$；$T_{21A} = tr(W_2 W_1 A^{-1} + W_2' W_1 A^{-1})$；$A = I_N - \lambda W_1$；$W_1$ 为因变量空间滞后项的空间权重矩阵，$W_2$ 为误差空间滞后项的空间权重矩阵。

当存在误差项自相关（$\lambda \neq 0$）时，因变量空间自相关检验的条件 LM 检验统计量为：

$$LM_{\lambda,\rho} = [e'W_1 Y/\delta^2 - T_{12} T_{22}^{-1} e'W_2 e/\delta^2]^2 / [J - (T_{21})^2 T_{22}^{-1}]$$

$$(5-14)$$

②LR 检验。LR 检验通过对约束模型和非约束模型的极大似然函数值进行比较来检验约束条件是否成立，LR 检验统计量是在备择假设（$LR_{ur}$）和原假设（$LR_r$）下模型似然函数值之差，下标 ur 是无约束时的结果，下标 r 是有约束时的结果，其表达式为：

$$LR = 2(LR_{ur} - LR_r) \qquad (5-15)$$

LR 检验统计量服从渐近 $\chi^2(p)$，p 是自由度，等于约束条件的个数。

③Wald 检验。Wald 检验通过测量无约束估计量与约束估计量之间的距离来检验约束条件是否成立，该检验只需对无约束模型进行估计。Wald 统计量的表达式为：

$$Wald = g'[G'VG]^{-1}g \qquad (5-16)$$

其中，Wald 统计量服从渐近 $\chi^2(q)$，q 是自由度，等于约束条件的个数；$\theta$ 是参数向量，g 是带入无约束条件下 $\theta$ 估计值的 $q \times 1$ 维约束条件；$G = \partial g'/\partial \theta$；V 是对参数渐近方差协方差阵的估计值。

综合而言，LR 检验需要同时估计约束模型和无约束模型，

Wald 检验只需要估计无约束模型，LM 检验只需要估计约束模型。在大样本下，LR 检验、Wald 检验、LM 检验渐近等价；在有限样本下，三个统计量满足：

LM 检验≤LR 检验≤Wald 检验

### 5.3.1.2 回归前的空间相关性检验

在对本章所设定的空间滞后模型公式（5－6）和空间误差模型公式（5－7）进行空间计量回归分析之前，首先要检验我国省际环境污染与环境规制是否存在空间自相关，并就上述两个模型是否存在空间效应进行检验，最后对两个模型的相对优劣性进行进一步选择。为了保证结果的稳健性和有效性，分别进行 Moran's I 检验、极大似然 LM-lag 检验、极大似然 LM-error 检验、稳健 LM-lag 检验和稳健 LM-error 检验。具体结果如表 5－2 所示。

表 5－2　　　　　　　空间自相关的事前检验

| Diagnostics Test | Statistic | df | p-value |
| --- | --- | --- | --- |
| Moran's I | 5.866 | 1 | 0.000 |
| LM （error） | 30.634 | 1 | 0.000 |
| Robust LM （error） | 11.229 | 1 | 0.001 |
| LM （lag） | 19.985 | 1 | 0.000 |
| Robust LM （lag） | 0.579 | 1 | 0.447 |

从检验结果来看，Monran's I 在 1% 显著性水平下拒绝无具体空间经济计量模型形式的原假设，说明我国省际环境污染和环境规制都存在显著的空间自相关，应建立空间回归模型。空间误差模型的 LM-error 检验和空间滞后模型的 LM-lag 检验也均在 1% 显著性水平下拒绝原假设，表明我国环境规制强度对环境污染影响的分析无论采用空间误差模型还是空间滞后模型，都是有效的。而稳健 LM-error 检验和 LM-lag 检验结果显示，空间滞后模型的稳健 LM-lag 不显著，而空间误差模型的稳健 LM-error 值在 1% 水平上显著，因此，空间误差模型对样本的解释力度更强。这说明我国各省份的环境污染不仅受到周边邻近省份环境污染的影响，还受到包括经济增长水平、环境规制强度、工业化水平、城镇化水平、对外开放程度和技术进步等空间影响因素省际结构性差异的影响。

对于以空间回归结果为基础的事后空间自相关检验，将在以下空间计量分析部分中进一步分析，检验结果将体现在表 5 - 3 中。

表 5 - 3    环境规制强度对环境污染的空间计量检验结果

| 自变量 | SLM | SEM | OSL |
|---|---|---|---|
| constant | -20.41 ***<br>(-5.30) | -26.82 ***<br>(-6.16) | -6.158 ***<br>(-3.58) |
| $\ln Y$ | 3.940 ***<br>(5.00) | 5.133 ***<br>(5.73) | 1.023 ***<br>(2.96) |
| $\ln^2 Y$ | -0.185 ***<br>(-4.58) | -0.234 ***<br>(-5.08) | -0.0432 **<br>(-2.51) |
| R | -0.167 ***<br>(-3.80) | -0.184 ***<br>(-4.37) | -0.196 ***<br>(-6.67) |
| I | 0.00655 ***<br>(8.47) | 0.00507 ***<br>(6.32) | 0.00250 ***<br>(5.06) |
| U | -0.0188 ***<br>(-8.01) | -0.0251 ***<br>(-8.85) | 0.000302<br>(0.27) |
| O | -0.00229 ***<br>(-3.07) | -0.000986<br>(-1.14) | -0.000394<br>(-0.86) |
| T | -0.00965 ***<br>(-4.63) | -0.0165 ***<br>(-6.08) | 0.00281 ***<br>(2.68) |
| ρ | 0.287 ***<br>(4.93) | | |
| λ | | 0.463 ***<br>(7.40) | |
| Wald | 24.308 *** | 54.797 *** | |

| 自变量 | SLM | SEM | OSL |
|---|---|---|---|
| LR | 22.380 *** | 41.336 *** | |
| LM | 19.985 *** | 30.634 *** | |
| TFP | 42135.62 | 57985.53 | 138729.02 |
| obs | 434 | 434 | 434 |
| Log L | −247.4032 | −237.92527 | |

注：（ ）内为 t 统计量值； * ， ** ， *** 分别表示在 10% ， 5% ， 1% 水平上显著，TP 为以 2000 年为基期的人均地区生产总值（元/人）。

## 5.3.2 空间计量分析

### 5.3.2.1 空间计量回归

基于模型的空间自相关检验以及空间滞后模型和空间误差模型的模型选择检验，本书采用公式（5-6）所示的空间滞后模型和公式（5-7）所示的空间误差模型对 2000~2013 年省际环境规制强度对环境污染的影响进行回归分析，结果以空间误差模型为主。为解决各省份环境规制强度以及环境污染的内生性问题，本书采用最大似然估计方法给出一致无偏估计。另外，为对比纳入空间因素后环境规制与环境污染相关关系的变化，本书也以各省份相互独立为假设进行常规面板数据回归。估计结果见表 5-3。

### 5.3.2.2 回归后的空间自相关检验

从表 5-3 的 Wald 检验、LR 检验以及 LM 检验的检验统计量来看，空间滞后模型的条件 LM 检验统计量为 19.985，LR 检验统计量为 22.380，Wald 检验检验统计量为 24.308，均在 1% 的显著性水平下拒绝原假设，且在 2000~2013 年跨度 14 年横截面为 31 个省份的空间面板数据条件下，满足"LM 检验统计量≤LR 检验统计量≤Wald 检验统计量"的条件。空间误差模型的 LM 检验统计量为30.634，LR 检验统计量为 41.336，Wald 检验检验统计量为 54.797，亦均在 1% 的显著性水平下拒绝原假设，且样本也满足"LM 检验统计量≤LR 检验统计量≤Wald 检验检验统计量"的条件。因此，根据空间经济计量模型的估计结果，从模型设定角度，本书分析模型中的空间效应设定是合理的。

### 5. 3. 2. 3　回归结果分析

（1）空间相关系数。通过回归结果可以发现，空间滞后模型中的空间相关性系数 ρ 的估计值为 0. 287，显著为正，这表明我国省际环境污染存在空间"溢出效应"，即某一省份的环境污染显著的受到邻近省份环境污染的影响；同时，空间误差模型中的空间误差系数 λ 的估计值为 0. 463，也显著为正，说明省际环境污染存在显著的"空间依赖性"，即相邻省份环境污染严重，本省份环境污染也严重，环境污染行为存在"局域俱乐部集团"现象；而环境规制也存在邻近省份环境规制强度大，本省份环境规制强度也大，相邻省份环境规制较弱，本省份环境规制也弱的现象。这种现象的出现，可能会使地方政府选择采用转移污染产业、降低环境规制强度等手段来增强本地区的经济竞争力，从而形成环境规制竞争的"竞相到底（race to the bottom）"现象。

（2）环境规制强度。在空间误差模型中，环境规制强度的估计系数为 - 0. 184，满足 1% 的显著性水平，表明环境规制强度的增加将显著降低环境污染水平。从未纳入空间因素的回归结果来看，环境规制强度的估计系数为 - 0. 196，也在 1% 水平上显著，且其绝对值比纳入空间因素后的高。可见，打破各地区环境污染问题的相互独立性这一假设，在考虑了空间相关性后，环境规制对环境污染的影响程度有所下降，因此，我国省际环境问题的相互影响，对于我国整体环境规制效果的发挥存在一定程度上的抵消作用。

（3）经济增长。经济增长水平的回归系数均在1%的显著性水平下通过假设检验，$\beta_1$估计值显著为正，$\beta_2$估计值显著为负，表明人均地区生产总值与环境污染综合指数之间存在显著的环境库兹涅兹倒"U"型曲线关系，即伴随着进一步的经济增长，环境污染将呈不断改善的趋势。在空间误差模型中，倒"U"型曲线的拐点出现在人均地区生产总值为57985.53元时，2013年，我国31个省份中北京、上海、天津的人均地区生产总值已超过该拐点，即伴随着经济的进一步增长，上述地区的环境污染将得到改善；但是其他28个省份的人均地区生产总值均低于该拐点，因此，虽然从总体趋势上来看，环境污染将随着经济增长有所缓解，但目前经济增长还将带来我国绝大部分地区环境问题的进一步加剧。

（4）工业化水平。工业化水平对环境污染存在显著的正向影响，环境污染综合指数随着工业总产值占地区生产总值的比重的增加呈现上升趋势。按照工业化不同阶段的划分标准[222]，除少数几个省市进入了工业化后期，我国绝大部分省份尚处于工业化中期阶段，该阶段对环境的压力较大，工业化进程的进一步推进将加剧环境污染。此外，传统的工业化道路以牺牲环境为代价，导致进行经济竞争的各省份争相引进各类产业项目，放松环境管制，进一步加剧了环境污染的风险。因此，应逐步推进新型工业化的发展，采取更加积极的环境规制政策。

（5）城镇化水平。城镇人口占总人口比重对环境污染综合指数的影响在1%的水平下显著为负，即城镇化进程的进一步推进将有助于环境问题的改善。基于发达国家以及后发国家的城镇化经验（王建军和吴志强，2009[223]），我国城镇化率在1979年达到18.96%开始进入加速阶段，自2005年达到42.99%，超过加速阶段的拐点进入城镇化加速阶段的后期。与未纳入空间因素的回归结果中城镇化率对环境污染在10%水平下无显著影响相比，纳入空间因素后我国城镇化进程将显著缓解环境污染的压力。

（6）对外开放程度。在空间误差模型中，对外开放程度与环境污染综合指数不存在显著的相关关系，这表明在整体上我国目前的对外贸易模式并没有对环境产生严重的不良影响。

（7）科技进步。科技进步的回归系数在1%的显著水平下为负，即科技发展水平的提升对环境污染具有显著的抑制作用，因此，加大科技创新投入尤其是用于消除环境污染的技术研究与开发投入，促进与环境污染治理有关的清洁性生产技术的开发和使用，以及基于降低环境污染的技术改造、技术创新，将有效缓解我国的环境污染状况。

## 5.3.3　实证结论

本节采用2000～2013年31个省（市、区）的样本，运用空间经济计量方法，基于环境污染的空间自相关特征，探讨了我国环境规制强度对环境污染的影响，研究结果显示：

（1）我国省域环境质量不仅与自身的环境规制强度相关，还受到邻近省份环境污染以及省际结构性因素差异的影响，这种结构性因素主要是各个省份环境规制强度、经济增长水平、工业化水平、城镇化进程、对外开放程度和技术进步等。因此，地方政府在进行环境规制决策时，应全面分析经济发展环境，并综合考虑邻近省份发展政策上可能存在的冲突，从而实现经济与环境的协调发展。

（2）我国省际环境污染存在显著的空间"溢出效应"，各省份环境污染显著的受到邻近省份环境污染的影响，环境污染行为存在"局域俱乐部集团"现象。环境规制也呈现出邻近省份环境规制强度大，本省份环境规制强度也大，邻近省份环境规制弱，本省份环境规制也弱的现象。这种现象意味着我国地方政府当前的环境规制存在明显的相互攀比式竞争，也可能出于"搭便车"的动机，地方政府会忽视对相邻区域的损害，从而形成环境规制竞争的"竞相到底"现象。

（3）环境规制强度的增加将显著降低环境污染水平，但纳入空间相关性的降低幅度比未纳入的回归结果小，这说明存在省际在环境方面的相互影响对我国环境规制整体效果的消减作用。因此，环境规制问题必须从区域合作联动的角度出发，从而有效解决各个地方政府"各自为政"带来的对环境规制效果的消解。

（4）经济发展水平与环境污染呈显著的倒"U"型关系，工业化的进一步推进还会加剧环境污染，而城镇化进程的推进以及科技进步与创新有助于环境污染的缓解，对外开放程度对环境污染不存在明显的作用。

# 5.4 环境规制对具体污染物
# 影响的空间计量检验

一个地区不同的污染物排放由于地理位置、资源禀赋、产业结构等各种因素的影响，呈现出不同的特征，一般而言，纺织、化纤等轻工业产业的水污染较为严重，而资源开采、重化工业等的大气污染更为严重，不同地区的能源资源结构以及主要产业的不同，将导致具体污染物排放的显著差异。在以环境污染综合指数为基础进行空间分析后，本节对具体污染物的分析将有助于进一步揭示我国环境污染的空间特征及空间差异，以及进一步明确我国环境规制强度对环境污染的影响。

## 5.4.1　模型及数据

对于具体污染物的分析，仍以公式（5-6）、公式（5-7）所示的分析模型为基础，其中，环境质量分别用人均工业废水排放量、人均工业废水中化学需氧量排放量、人均工业废气排放量、人均工业二氧化硫排放量、人均工业烟粉尘排放量、人均工业固体废物产生量表示。具体如下：

空间滞后模型（SLM）：

$$E_{it} = \rho W E_{it} + \beta_0 + \beta_1 \ln Y_{it} + \beta_2 \ln^2 Y_{it} + \beta_3 R_{it} + \beta_4 I_{it}$$
$$+ \beta_5 U_{it} + \beta_6 O_{it} + \beta_7 T_{it} + \varepsilon_{it} \qquad (5-17)$$

空间误差模型（SEM）：

$$E_{it} = \beta_0 + \beta_1 \ln Y_{it} + \beta_2 \ln^2 Y_{it} + \beta_3 R_{it} + \beta_4 I_{it} + \beta_5 O_{it} + \beta_6 U_{it} + \beta_7 T_{it} + \mu_{it}$$
$$\mu_{it} = \lambda W \mu_{it} + \varepsilon_{it} \qquad (5-18)$$

式中，E 为人均污染物排放量；Y 为人均地区生产总值；R 为环境规制强度指数；I 为工业总产值占地区生产总值的比重，U 为城镇人口占总人口比重，O 为进出口贸易总额与地区生产总值之比，T 为资本劳动比。

具体指标数据的统计描述见表 5-4，其中，$E_w$ 表示人均工业废水排放量、$E_{xy}$ 表示人均工业废水中化学需氧量排放量、$E_q$ 表示人均工业废气排放量、$E_{so_2}$ 表示人均工业二氧化硫排放量、$E_{yf}$ 表示人均工业烟粉尘排放量、$E_g$ 表示人均工业固体废物产生量。

表 5-4　　　　　　　　　样本数据变量的统计描述

| 变量 | 单位 | 均值 | 标准差 | 最小值 | 最大值 |
|---|---|---|---|---|---|
| $E_w$ | 吨/人 | 16.25234 | 9.284316 | 1.155634 | 47.80413 |
| $E_{xy}$ | 吨/人 | 0.003798 | 0.003452 | 0.0002 | 0.027556 |
| $E_q$ | 万标立方米/人 | 3.169086 | 2.744897 | 0.045363 | 25.949 |

| 变量 | 单位 | 均值 | 标准差 | 最小值 | 最大值 |
|---|---|---|---|---|---|
| $E_{so_2}$ | 吨/人 | 0.015816 | 0.010837 | 0.000277 | 0.060965 |
| $E_{yf}$ | 吨/人 | 0.012101 | 0.008924 | 0.000313 | 0.050275 |
| $E_g$ | 吨/人 | 1.579842 | 2.182822 | 0.019423 | 21.55564 |
| $\ln Y$ | 元 | 9.639235 | 0.706088 | 7.886667 | 11.19381 |
| $\ln^2 Y$ | 元 | 93.41226 | 13.65143 | 62.19951 | 125.3013 |
| R | 1 | 0 | 0.710585 | −4.4916 | 0.8035 |
| I | % | 110.4033 | 45.9366 | 10.73083 | 229.3538 |
| U | % | 42.46021 | 17.00093 | 12.78 | 89.6 |
| O | % | 30.71257 | 38.56163 | 0.545066 | 187.5004 |
| T | 万元/人 | 18.04731 | 12.30984 | 4.897599 | 108.0576 |

资料来源：根据《中国统计年鉴》《中国环境统计年鉴》《中国环境年鉴》《中国工业统计年鉴》等计算整理。

## 5.4.2 空间自相关检验

在对具体人均污染物排放与环境规制强度的关系进行空间计量回归分析时，首先要检验各种具体污染物与环境规制是否存在空间自相关，并就空间滞后模型和空间误差模型是否存在空间效应进行检验，最后对两个模型的相对优劣性进行进一步选择。具体结果如表5-5所示。

表5-5 空间自相关的事前检验

| Diagnostics Test | $E_w$ | | | $E_{xy}$ | | |
|---|---|---|---|---|---|---|
| | Statistic | df | p-value | Statistic | df | p-value |
| Moran's I | 5.996 | 1 | 0.000 | 2.773 | 1 | 0.006 |
| LM (error) | 32.069 | 1 | 0.000 | 6.184 | 1 | 0.013 |
| Robust LM (error) | 33.076 | 1 | 0.000 | 7.198 | 1 | 0.007 |
| LM (lag) | 7.546 | 1 | 0.006 | 1.323 | 1 | 0.250 |
| Robust LM (lag) | 8.554 | 1 | 0.003 | 2.337 | 1 | 0.126 |

续表

| Diagnostics Test | $E_q$ | | | $E_{so_2}$ | | |
|---|---|---|---|---|---|---|
| | Statistic | df | p-value | Statistic | df | p-value |
| Moran's I | 2.565 | 1 | 0.010 | 5.249 | 1 | 0.000 |
| LM（error） | 5.203 | 1 | 0.023 | 24.27 | 1 | 0.000 |
| Robust LM（error） | 0.004 | 1 | 0.953 | 0.924 | 1 | 0.336 |
| LM（lag） | 8.932 | 1 | 0.003 | 42.414 | 1 | 0.000 |
| Robust LM（lag） | 3.732 | 1 | 0.053 | 19.068 | 1 | 0.000 |
| Diagnostics Test | $E_{yf}$ | | | $E_g$ | | |
| | Statistic | df | p-value | Statistic | df | p-value |
| Moran's I | 6.925 | 1 | 0.000 | −2.512 | 1 | 1.988 |
| LM（error） | 43.274 | 1 | 0.000 | 7.412 | 1 | 0.006 |
| Robust LM（error） | 0.613 | 1 | 0.434 | 8.819 | 1 | 0.003 |
| LM（lag） | 76.259 | 1 | 0.000 | 1.866 | 1 | 0.172 |
| Robust LM（lag） | 33.597 | 1 | 0.000 | 3.273 | 1 | 0.070 |

　　从 Moran's I 检验结果来看，以人均固体废物产生量为因变量模型的 Monran's I 不显著，意味着接受无具体空间经济计量模型形式的原假设，对于该污染物的分析，将不依据空间回归模型，而主要依据以各个截面相互独立为假设的面板回归结果；其他五个具体污染物指标为因变量的模型，Monran's I 均在 1% 的显著性水平下拒绝无具体空间经济计量模型形式的原假设，说明我国人均工业废水排放量、人均工业废水中化学需氧量排放量、人均工业废气排放量、人均工业二氧化硫排放量、人均工业烟粉尘排放量及其影响因素均存在显著的空间自相关，需要建立空间回归模型。空间误差模型的 LM-error 检验和空间滞后模型的 LM-lag 检验结果显示，人均工业废水中化学需氧量排放量为因变量的空间滞后模型不显著，表明空间溢出效应不明显而空间依赖性显著，对于该污染物的分析，将依据空间误差模型；而人均工业废水排放量、人均工业废气排放量、人均工业二氧化硫排放量、人均工业烟粉尘排放量为因变量的模型，

LM-error 检验和 LM-lag 检验均在 1% 显著性水平下拒绝原假设，表明对这四个具体污染物指标影响的分析无论采用空间误差模型还是空间滞后模型，都是有效的。而稳健 LM-error 检验和 LM-lag 检验结果显示，对于包括人均工业废气排放量、人均工业二氧化硫排放量、人均工业烟粉尘排放量的大气污染指标，空间误差模型的稳健 LM-error 不显著，而空间滞后模型的稳健 LM-lag 值均在 5% 水平上显著，因此，空间滞后模型对大气污染的解释力度更强，这说明我国各省份的大气污染受到周边邻近省份环境污染的显著影响，具有较强的空间溢出效应。

## 5.4.3 空间计量分析

基于以具体污染物为因变量的模型的空间自相关检验以及空间滞后模型和空间误差模型的模型选择检验，本书采用公式（5 - 17）所示的空间滞后模型和公式（5 - 16）所示的空间误差模型对 2000 ~ 2013 年省际环境规制强度对具体污染物的影响进行空间回归分析，估计方法仍采用最大似然估计。估计结果见表 5 - 6 至表 5 - 8，对于每个具体污染物指标为因变量的模型，均列出空间滞后模型、空间误差模型或以各省份相互独立为假设的常规面板数据回归的结果。

表 5 - 6　　　　　　　　$E_w$、$E_{xy}$ 的空间计量回归结果

| 自变量 | $E_w$ | | $E_{xy}$ | |
|---|---|---|---|---|
| | SLM | SEM | SLM | SEM |
| constant | -490.9 *** (-8.17) | -641.4 *** (-9.83) | -0.256 *** (-13.24) | -0.270 *** (-12.77) |
| lnY | 95.90 *** (7.80) | 122.1 *** (9.13) | 0.0507 *** (12.80) | 0.0535 *** (12.35) |
| $ln^2Y$ | -4.437 *** (-7.07) | -5.443 *** (-7.90) | -0.00243 *** (-12.03) | -0.00257 *** (-11.61) |

续表

| 自变量 | $E_w$ | | $E_{xy}$ | |
|---|---|---|---|---|
| | SLM | SEM | SLM | SEM |
| R | -7.130 *** <br> (-10.22) | -8.077 *** <br> (-13.13) | -0.00551 *** <br> (-24.83) | -0.00560 *** <br> (-25.34) |
| I | 0.0288 ** <br> (2.40) | 0.0305 *** <br> (2.76) | -0.00000236 <br> (-0.61) | -0.000000978 <br> (-0.25) |
| U | -0.146 *** <br> (-3.98) | -0.193 *** <br> (-4.61) | -0.0000134 <br> (-1.12) | -0.0000182 <br> (-1.38) |
| O | 0.0558 *** <br> (4.77) | 0.000855 <br> (0.06) | 0.00000386 <br> (1.05) | 0.00000350 <br> (0.89) |
| T | -0.249 *** <br> (-7.49) | -0.274 *** <br> (-6.86) | -0.0000245 ** <br> (-2.32) | -0.0000284 ** <br> (-2.41) |
| ρ | 0.194 *** <br> (3.23) | | 0.0752 <br> (1.25) | |
| λ | | 0.608 *** <br> (10.79) | | 0.228 *** <br> (2.94) |
| Wald | 10.412 *** | 116.382 *** | 1.571 | 8.664 *** |
| LR | 9.990 *** | 59.640 *** | 1.556 | 8.396 *** |
| LM | 7.546 *** | 32.069 *** | 1.323 | 6.184 ** |
| TFP | 49357.82 | 74327.85 | 33931.49 | 33142.12 |
| obs | 434 | 434 | 434 | 434 |
| Log L | -1439.5071 | -1414.6821 | 2051.2998 | 2054.7198 |

注：（ ）内为 t 统计量值；＊，＊＊，＊＊＊分别表示在 10%，5%，1% 水平上显著，TP 为以 2000 年为基期的人均地区生产总值（元/人）。

表 5 - 7　　　　　　　$E_q$、$E_{so_2}$ 的空间计量检验结果

| 自变量 | $E_q$ | | $E_{so_2}$ | |
|---|---|---|---|---|
| | SLM | SEM | SLM | SEM |
| constant | -70.22 *** <br> (-4.62) | -67.07 *** <br> (-4.13) | -0.466 *** <br> (-7.27) | -0.342 *** <br> (-4.41) |
| lnY | 11.65 *** <br> (3.74) | 10.84 *** <br> (3.25) | 0.0893 *** <br> (6.79) | 0.0628 *** <br> (3.87) |
| $\ln^2 Y$ | -0.437 *** <br> (-2.74) | -0.386 ** <br> (-2.26) | -0.00419 *** <br> (-6.22) | -0.00275 *** <br> (-3.23) |

续表

| 自变量 | $E_q$ | | $E_{so_2}$ | |
|---|---|---|---|---|
| | SLM | SEM | SLM | SEM |
| R | -2.350 *** <br> (-13.48) | -2.320 *** <br> (-13.20) | -0.0137 *** <br> (-18.70) | -0.0131 *** <br> (-18.06) |
| I | 0.0158 *** <br> (5.16) | 0.0187 *** <br> (6.09) | 0.0000611 *** <br> (4.87) | 0.0000793 *** <br> (6.37) |
| U | -0.0124 <br> (-1.33) | -0.0120 <br> (-1.18) | -0.00000901 <br> (-0.23) | -0.0000486 <br> (-0.99) |
| O | -0.0160 *** <br> (-5.02) | -0.0184 *** <br> (-5.73) | -0.0000191 <br> (-1.55) | -0.0000164 <br> (-1.21) |
| T | 0.0368 *** <br> (4.35) | 0.0459 *** <br> (5.01) | 0.0000609 * <br> (1.78) | 0.000106 ** <br> (2.49) |
| $\rho$ | 0.178 *** <br> (3.26) | | 0.329 *** <br> (6.64) | |
| $\lambda$ | | 0.200 *** <br> (2.68) | | 0.476 *** <br> (7.28) |
| Wald | 10.596 *** | 7.175 *** | 44.117 *** | 53.069 *** |
| LR | 10.235 *** | 6.812 *** | 39.670 *** | 38.648 *** |
| LM | 8.932 *** | 5.203 ** | 42.414 *** | 24.270 *** |
| TFP | 615087.28 | 1253500.73 | 42460.29 | 90960.61 |
| obs | 434 | 434 | 434 | 434 |
| Log L | -842.98561 | -844.69736 | 1535.2656 | 1534.7544 |

注：（ ）内为 t 统计量值；＊，＊＊，＊＊＊分别表示在 10%，5%，1% 水平上显著，TP 为以 2000 年为基期的人均地区生产总值（元/人）。

表 5-8　　　　　　　　$E_{yf}$、$E_g$ 的空间计量检验结果

| 自变量 | $E_{yf}$ | | $E_g$ | |
|---|---|---|---|---|
| | SLM | SEM | L | S |
| constant | -0.434 *** <br> (-9.50) | -0.428 *** <br> (-7.98) | -12.43 *** <br> (-4.00) | -29.99 * <br> (-1.90) |
| lnY | 0.0863 *** <br> (9.21) | 0.0864 *** <br> (7.79) | 1.285 *** <br> (3.39) | 4.869 <br> (1.53) |

续表

| 自变量 | $E_{yf}$ | | $E_g$ | |
|---|---|---|---|---|
| | SLM | SEM | L | S |
| $\ln^2 Y$ | −0.00421 ***<br>（−8.77） | −0.00426 ***<br>（−7.39） | | −0.181<br>（−1.13） |
| R | −0.0118 ***<br>（−22.41） | −0.0118 ***<br>（−22.09） | −0.857 ***<br>（−3.84） | −0.972 ***<br>（−3.95） |
| I | 0.0000246 ***<br>（2.70） | 0.0000378 ***<br>（4.03） | 0.0121 ***<br>（2.96） | 0.0115 ***<br>（2.79） |
| U | 0.00000895<br>（0.31） | 0.0000128<br>（0.36） | −0.0168 *<br>（−1.65） | −0.0171 *<br>（−1.68） |
| O | −0.0000240 ***<br>（−2.76） | −0.0000174 *<br>（−1.71） | −0.0125 ***<br>（−3.43） | −0.0120 ***<br>（−3.25） |
| T | 0.0000129<br>（0.52） | 0.0000385<br>（1.21） | 0.0769 ***<br>（8.27） | 0.0755 ***<br>（8.06） |
| ρ | 0.421 ***<br>（9.40） | | | |
| λ | | 0.479 ***<br>（7.96） | | |
| Wald | 88.319 *** | 63.299 *** | | |
| LR | 73.893 *** | 50.413 *** | | |
| LM | 76.259 *** | 43.274 *** | | |
| TFP | 28265.75 | 25357.89 | — | — |
| obs | 434 | 434 | 434 | 434 |
| Log L | 1668.999 | 1657.259 | | |

注：（ ）内为 t 统计量值；＊，＊＊，＊＊＊分别表示在 10%，5%，1% 水平上显著，TP 为以 2000 年为基期的人均地区生产总值（元/人）。

对于人均工业废水排放量，空间滞后模型中的空间相关性系数 ρ 的估计值为 0.194，说明省际人均工业废水排放存在空间"溢出效应"；空间误差模型中的空间误差系数 λ 的估计值为 0.608，说明人均工业废水排放也存在显著的空间依赖性。在空间误差模型中，环境规制强度与人均工业废水排放量存在显著的负向关系，即环境规制强度的增加将减少人均工业废水排放；人均工业废水排放与经济增长之间存在显著的环境库兹涅茨倒"U"型曲线关系，拐点出现在人均地区生产总值为 74327.85 元，2013 年我国 31 个省份均未超过该拐点；与工业总产值占地区生产总值比重呈显著的正向关系，即我国工业化进程的进一步推进将继续增加人均工业废水排放；与城镇化率呈显著负向关系，即进一步推进城镇化有利于人均工业废水排放的减少；与对外开放程度不存在显著的相关关系；与科技进步呈显著的负向关系，即科技进步有助于降低人均工业废水排放。

对于人均工业废水中的化学需氧量，空间滞后模型的事前检验与事后检验均未通过，而空间误差模型以 1% 的显著性水平通过空间自相关检验，这说明人均工业废水中化学需氧量的空间溢出效应不明显，该污染物在各省份间的相互影响较小，但是包括环境规制强度在内的各种因素的空间影响则较显著。在空间误差模型中，人均工业废水中的化学需氧量与环境规制强度存在显著的负向关系；与经济增长之间存在显著的环境库兹涅茨倒"U"型曲线关系，拐点出现在人均地区生产总值为 33142.12 元，2013 年天津、北京、上海、江苏、内蒙古、浙江、辽宁、广东、福建、山东、吉林等 11 个省份的人均地区生产总值已经超过该拐点；与工业化水平、城镇化率、对外开放程度不存在显著的相关关系；与科技进步存在显著的负向关系，即科技进步将促进人均工业废水中的化学需氧量的减少。

对于人均工业废气排放量，空间滞后模型中的空间相关性系数 ρ 的估计值为 0.178，空间误差模型中的空间误差系数 λ 的估计值为 0.200，说明省际人均工业废气排放同时存在显著的空间"溢出效应"和空间依赖性，但从模型的解释力度来看，空间滞后模型更强，即人均工业废气排放量在各省份间的相互影响更加明显。在空间滞后模型中，人均工业废气排放量与环境规制强度存在显著的负向关系；与经济增长之间存在显著的环境库兹涅茨倒"U"型曲线关系，但是拐点对应的人均地区生产总值异常高，这意味着在未来很长一段时期内，人均工业废气排放量还会随着经济增长进一步增加；与工业总产值占地区生产总值比重呈显著的正向关系，即我国工业化进程的进一步推进将继续增加人均工业废气排放；与城镇化率不存在显著的相关关系；与对外开放程度呈显著的负向关系，即对外开放有利于人均工业废气排放的减少；与科技进步则存在显著的正向关系，即科技进步反而增加了人均工业废气排放，其原因有可能是我国目前的科技进步在发展处理废气的清洁生产技术方面尚有欠缺，而引起的资本密集型产业的提升更为明显，这些产业存在较为严重的大气污染。

对于人均工业二氧化硫排放量，空间滞后模型中的空间相关性系数 $\rho$ 的估计值为 0.329，空间误差模型中的空间误差系数 $\lambda$ 的估计值为 0.476，空间"溢出效应"和空间依赖性显著地高于人均工业废气排放总量指标。从模型的解释力度来看，也是空间滞后模型更强，即我国各省份的人均工业二氧化硫排放受到周边邻近省份的强烈冲击。在空间滞后模型中，人均工业二氧化硫排放量与环境规制强度存在显著的负向关系；与经济增长之间存在显著的环境库兹涅茨倒"U"型曲线关系，拐点出现在人均地区生产总值为 42460.29 元，2013 年天津、北京、上海、江苏、内蒙古、浙江、辽宁、广东等 8 个省份的人均地区生产总值已经超过该拐点；与工业总产值占地区生产总值比重呈显著的正向关系；与城镇化率、对外开放程度不存在呈显著的相关关系；科技进步则显著的加剧人均工业二氧化硫排放，其影响机制与人均工业废气排放一致。

对于人均工业烟粉尘放量，空间滞后模型中的空间相关性系数 $\rho$ 的估计值为 0.421，空间误差模型中的空间误差系数 $\lambda$ 的估计值为 0.479，表明人均烟粉尘排放存在显著的空间"溢出效应"和空间依赖性。在解释力更强的空间滞后模型中，人均烟粉尘排放量与环境规制强度存在显著的负向关系；与经济增长之间存在显著的环境库兹涅茨倒"U"型曲线关系，拐点出现在人均地区生产总值为25357.89元，2013年有22个省份的人均地区生产总值已经超过该拐点；与工业总产值占地区生产总值比重呈显著的正向关系；与对外开放程度呈显著的负向关系；而与城镇化率、科技进步不存在显著的相关关系。

对于人均工业固体废物产生量，空间自相关检验结果显示以该指标为因变量的模型不符合空间计量的基本条件，即空间特征不显著。与水污染和大气污染极易向周边地区漫延，具有较强的外部性特征相比，固体废物的产生、搬运、处理等可以较为容易的控制在一定的地域范围。因此，环境规制强度对人均工业固体废物产生量的影响，本书采用常规的面板回归进行分析，即认为满足各省份样本之间相互独立的基本假设，且对人均地区生产总值分线性（L）和二次项（S）两种形式。从回归结果来看，人均固体废物产生量与环境规制强度间呈显著的负向关系；与经济增长之间的倒"U"型曲线关系不成立，且随着经济增长呈加剧趋势；工业化进程将加剧固废污染，而城镇化进程和对外开放的进一步推进将缓解固废排放，目前的技术水平提升也对固废污染有加剧作用。

## 5.4.4 实证结论

本节采用人均工业废水排放量、人均工业废水中化学需氧量排放量等水污染指标，人均工业废气排放量、人均工业二氧化硫排放量、人均工业烟粉尘排放量等大气污染指标，以及人均工业固体废物产生量等固体废物污染指标，基于环境污染的空间自相关特征，进一步探讨了我国环境规制强度对具体污染物排放的影响，研究结果显示：

（1）我国省际水污染存在显著的空间依赖性，即包括环境规制强度在内的各种影响因素的空间差异是导致水污染空间相关的主要原因。大气污染存在显著的空间溢出效应和空间依赖性，且空间溢出效应更为明显，即某一省份的大气状况受到周边省份的影响非常大，某一单独地区的大气污染治理措施的效果很难得到明确的体现，因此，更需要各地区在环境规制方面的合作。固体废物污染的空间相关性不明显，各省份具有一定的独立性。

（2）对于所有的具体污染物排放指标，环境规制强度的增加均显著降低其排放水平，因此，进一步加强环境规制强度是我国控制环境污染、加强环境保护的必要手段。

（3）经济增长与水污染、大气污染的具体排放指标间存在显著的环境库兹涅茨倒"U"型曲线关系，与固体废物污染之间不存在显著的倒"U"型关系，并从拐点所对应的人均地区生产总值来看，我国在未来一段时间内，随着经济的进一步增长，人均工业废气排放总量和人均工业固体废物产生量还会继续增加。除对人均废水中化学需氧量没有显著影响外，我国工业化进程的进一步推进将对水污染、大气污染和固体废物污染产生更大的压力。城镇化进程的推进会对人均工业废水排放量以及人均工业固体废物产生量的减少起到积极的作用，但是对其他具体污染物没有显著的影响。对外开放程度的提升会加剧人均工业废水排放，但是有助于大气污染、固体废物污染的缓解。科技进步对水污染存在积极的影响，但对大气污染和固体废物污染则有消极的影响。

## 5.5　本章小结

本章采用 2000～2013 年 31 个省（市、区）的样本，运用空间经济计量方法，基于环境污染的空间自相关特征，探讨了我国环境规制强度对环境污染综合指数和单项污染物排放水平的影响，得出了以下几点结论：

（1）我国省域环境质量不仅与自身的环境规制强度相关，还受到邻近省份环境污染的影响，同时还受到各个省份经济增长水平、环境规制强度、工业化水平、城镇化进程、对外开放程度和技术进步等因素之间差异的影响。

（2）我国省际环境污染存在显著空间"溢出效应"，各省份环境污染显著的受到邻近省份环境污染的影响，环境污染行为存在"局域俱乐部集团"现象。环境规制也存在邻近省份环境规制强度大，本省份环境规制强度也大，邻近省份环境规制弱，本省份环境规制也弱的现象。

（3）环境规制强度的增加将显著降低环境污染水平，且纳入空间相关性的降低幅度比未纳入的回归结果小，这说明省际在环境方面的相互影响对我国环境规制整体效果产生消极作用。

（4）就环境污染综合指数而言，经济发展水平与环境污染呈显著的倒"U"型关系，工业化进一步推进还会加剧环境污染，而城镇化进程的推进以及科技进步与创新有助于环境污染的缓解，对外开放程度对环境污染不存在明显的作用。

（5）就具体污染物而言，我国省际水污染存在显著的空间依赖性，大气污染存在显著的空间溢出效应和空间依赖性，且空间溢出效应更为明显，固体废物污染的空间相关性不明显，各省份具有一定的独立性。对于所有的具体污染物排放指标，环境规制强度的增加将显著降低其排放水平。

第 6 章

# 地方政府环境规制的竞争与合作

环境问题具有很强的外部性，在一定的地域空间具有很强的相关性，很多污染问题与污染移转本身不受行政区划界限的限制，污染物可通过介质在不同行政区间扩散、反映与传输，近年来我国大部分地区大面积的雾霾天气就是局部污染扩散，造成大范围大气污染。前文的研究表明我国省际环境污染存在显著空间"溢出效应"，省际环境污染存在"局域俱乐部集团"现象。同时，环境规制也存在邻近省份环境规制强度大，本省份环境规制强度也大，邻近省份环境规制弱，本省份环境规制也弱的现象。这种现象意味着我国地方政府当前的环境规制存在明显的相互攀比式竞争，也可能出于"搭便车"的动机，地方政府会忽视对相邻区域的损害，从而形成环境规制竞争的"竞相到底"现象。这种省际在环境规制政策的相互竞争行为，对我国整体的环境规制成效存在抵消作用。当前，环境管理的属地特征和污染的区域特征之间存在矛盾，迫切需要建立区域性环境规制合作机制来解决跨界的环境污染问题。

本章在地方政府环境规制博弈分析的基础上，采用空间 Durbin 模型对中国地方政府环境规制决策进行空间计量检验，同时借鉴国内外区域环境规制的经验，提出中国地方政府间环境规制的合作机制。

# 6.1 地方政府环境规制竞争机制的博弈分析

"地方政府竞争"是指国家内部不同地区的地方政府利用包括税收、教育、医疗福利、环境政策等措施，为了增强自身的优势而吸引资本、劳动力和其他流动性要素的行为（Breton，1996）[224]。基于我国环境规制强度与环境污染的空间计量分析，我国环境规制强度在省际存在显著的空间自相关，从空间依赖性的角度，环境规制强度的空间差异也是影响环境污染空间溢出效应的主要因素。这是因为地区环境规制具有很强的正外部性，某个地区环境污染治理投入不仅会改善当地的环境质量，而且会改变周边相邻地区的环境质量（Anselin，2001[225]），同时，地区间的环境规制差异还会引发资本、技术、劳动力等生产要素在地区间流动（Brueckner，2003[226]），如企业从环境规制强度高的地区向强度低的地区转移，从而形成地区间的"逐底竞争"。另外，我国地方政府的行为还受到中央政府政绩考核的激励和约束，中央政府的考核机制也将影响地方环境规制强度。因此，地方政府在选择环境规制政策和执行力度时，并不是在相对封闭的环境中独立地进行决策，而是基于其他地方政府环境规制决策的反应。

## 6.1.1 地方环境规制的效用函数分析

地方政府环境规制的行为选择的最终目标是地方政府效用的最大化，一般而言，地方政府公共政策涉及企业、居民和地方政府三大主体，本书以环境规制政策这一在公共政策领域最具外部性的政策为研究目标，假定某一地方政府效用函数为：

$$U_i = F(\pi_i, h_i, g_i) \tag{6-1}$$

其中，$\pi_i$ 代表 i 地区企业的利润，$h_i$ 代表当地居民的福利水平，$g_i$ 代表地方政府政策的直接收益。对地方政府实施环境规制政策的总效用 $U_i$ 而言，假设上述变量满足 $\partial U_i / \partial \pi_i > 0$；$\partial U_i / \partial h_i > 0$；$\partial U_i / \partial g_i > 0$ 的条件。

### 6.1.1.1　基于环境规制下企业行为的利润函数

企业作为经济运行的微观主体，存在为了追求经济利润的最大化而忽视环境保护责任的内在动机。究其根本原因，则在于环境问题的强"外部性"特征，使得企业环境污染行为的个体成本小于社会成本。在地方政府严格的环境规制下，企业环境污染行为的负外部性被内部化，企业环境污染行为的成本增加。而政府和企业的利益存在相互制约的关系，环境规制在短期内会降低企业利润，导致政府税收的减少，与此同时，企业还可以转移到环境成本更低的地区，从而减少原所在地的就业以及地方政府的税收。

假定地方政府进行环境规制条件下企业的利润函数为：

$$\pi_i = R_i - C_i - T_i - C_{Ei} = F(K_i, L_i) - C_{Ei}(K_i) \tag{6-2}$$

其中，R 和 C 为企业的收入与生产性成本，T 为企业的税收成本，$C_{Ei}$ 为地方政府的环境规制给企业带来的环境成本。从生产函数的角度，企业的产出取决于资本和劳动力的投入，因此，企业的生产利润可以转化为 K 和 L 的函数，在税率较为稳定的前提下，企业的税负也由生产利润决定，所以企业的最终利润函数可以简化为资本和劳动力决定的收益水平与环境规制带来的负效益之和。企业的规模主要由资本决定，规模越大，环境污染总量也越大，环境成本也相应越高，所以 $\partial C_{Ei} / \partial K_i > 0$。对于企业的利润 $\pi_i$ 而言，上述变量满足 $\partial \pi_i / \partial K_i > 0$；$\partial \pi_i / \partial L_i > 0$；$\partial \pi_i / \partial ER_i < 0$ 的条件，即资本、劳动力投入越多，总利润越大；环境规制强度 $ER_i$ 越大，企业环境

成本越高，总利润越低，从而导致企业更倾向于从高强度环境规制地区向低强度地区转移。

### 6.1.1.2 基于环境规制下居民决策的福利函数

当地居民对于地方政府行政能力的评价，仍然是以其自身福利水平最大化为基本依据。对于当地政府采取的环境规制政策带来的居民福利水平的变化，更多地体现了地方经济发展与环境保护之间的权衡。经济增长会带来就业的增加，收入水平的提升，从而增加居民福利水平，但同时可能带来环境污染的加剧，进而降低福利水平。随着可持续发展理念以及环境保护意识的增强，居民对于环境污染造成福利水平的损害越来越重视。

地方政府进行环境规制条件下居民的福利水平函数为：

$$h_i = R_i - C_i = F(w_i, L_i) - H_i(P_i)$$
$$P_i = G(ER_i) \tag{6-3}$$

其中，R 和 C 为居民的收入与成本，收入主要与工资水平和劳动力数量有关，生活成本受物价的影响也可以从工资水平及就业状况方面体现，环境方面的福利水平则以一定程度的环境污染水平 P 对居民健康的损害 H 来衡量，且 $dH/dP > 0$，环境污染水平受到地方政府环境规制政策的影响，更高的环境规制强度会降低环境污染水平，即 $dP/dER < 0$。对于居民的福利水平 $h_i$ 而言，上述变量满足 $\partial h_i/\partial w_i > 0$；$\partial h_i/\partial L_i > 0$；$\partial h_i/\partial ER_i > 0$ 的条件，环境规制强度越大，地区环境污染水平越低，居民的福利水平越高。

### 6.1.1.3 基于环境规制下政策选择的地方政府直接收益函数

地方政府政策的直接收益可从两个方面来体现：一是地方政府财政状况的变化，如实施某项公共政策的财政支出成本；二是可量化的地方政府的绩效，如实施某项公共政策带来的上级政府绩效考核或当地居民满意度的提升。

地方政府进行环境规制条件下地方政府的直接收益函数为：

$$g_i = R_i - C_i = (Y_i + X_i) - (T_i + Z_i) \qquad (6-4)$$

其中，R 和 C 为地方政府采取环境规制的直接收益与支出。直接收益主要表现为环境改善带来的居民满意程度的增加 Y，以及上级政府考核绩效的提升 X；直接支出主要表现为环境规制的直接财政支出 Z 以及由于环境规制带来的企业外迁导致的税收减少 T。

## 6.1.2　地方政府环境规制的博弈分析

地方政府环境规制的决策过程事实上是在资源有限的条件下，通过制定适当的环境规制政策，主要表现为地方政府认为最佳的环境污染治理投入和理想的环境监管强度，以最大化地方政府的效用，即实现：

$$\underset{E_i}{Max}U_i = F(\pi_i, h_i, g_i; ER_i)$$

基于地方政府效用函数的分析，本书假设地方政府有执行环境规制和不执行环境规制两种可供选择的策略，从不受其他地区影响而相对封闭的地方政府环境规制政策选择、存在相互影响的地方政府之间环境规制竞争以及在上级政府考核体系下的地方政府之间环境规制的"标尺竞争"（Yardstick Competition）等三个角度，讨论地方政府环境规制的决策问题。

### 6.1.2.1　单个地方政府环境规制的决策分析

若假设地区间相互独立，某一地区环境污染治理的投入仅改善本地区环境污染状况，则公式（6-4）中 $T_i = 0$；对于环境规制产生的直接收益，主要来源于当地居民对环境状况改善的满意程度，而没有外在上级政府考核的干预，则 $X_i = 0$。

在此条件下，假设 i 地区地方政府执行环境规制的成本支出为 $Z_i$，获得环境污染的减排为 $P_{i1}$，居民的满意程度增加 $Y_{i1}$；若地方政府不执行环境规制，则没有任何额外的财政支出，但是环境污染将增加 $P_{i2}$，居民的满意程度下降 $Y_{i2}$。根据公式（6-3）所示的居民福利水平函数，$Y_{i1}$ 与 $P_{i1}$ 存在正相关关系，在此采用更为直观的 $P_{i1}$ 代替 $Y_{i1}$ 来衡量地方政府的效用。

i 地区的地方政府选择两种决策的支付函数分别为：

（1）执行环境规制：

$$U_i(执行) = Y_{i1}(P_{i1}) - Z_i = P_{i1} - Z_i$$

（2）不执行环境规制：

$$U_i(不执行) = Y_{i2}(-P_{i2}) - 0 = -P_{i2}$$

因此，i 地区地方政府选择执行的基本条件为：

$$U_i(执行) > U_i(不执行) \rightarrow P_{i1} + P_{i2} > Z_i$$

若执行和不执行环境规制引起的环境状况的差异所带来的地方政府效用水平的变化大于环境规制的成本支出，则地方政府会选择执行环境规制政策。

### 6.1.2.2　地方政府间环境规制的博弈分析

由于环境污染的强外部性以及生产要素的跨区域流动，各地方政府环境规制的决策相互影响，从而形成地方环境规制的博弈。假设博弈方为相邻地方政府 i 和地方政府 j，策略空间为｛执行环境规制，不执行环境规制｝，某一地区环境污染治理投入不仅改善本地区环境，对另一地区环境改善也有积极的影响，同时，环境规制会导致一定比例的高污染企业从本地区转移到不执行环境规制的地区，从而导致地方政府税收水平的变化。为了更好地体现地方政府间的环境规制竞争，本书进一步假设除环境规制决策外，两个相邻地区的其他方面没有显著的差异。基本的博弈模式如表 6 - 1 所示。

表 6 - 1　　　　　　　地方政府环境规制博弈的策略矩阵

| | 地方政府 j | |
|---|---|---|
| 地方政府 i | 执行，执行 | 不执行，执行 |
| | 执行，不执行 | 不执行，不执行 |

　　基于博弈论对 i 地区的地方政府环境规制决策结果的分析，需考虑 j 地区地方政府环境规制选择的反应。

　　（1）若 i 地区的地方政府选择执行环境规制，则面临两种可能的情况：

　　一是 j 地区地方政府也执行环境规制，即两个政府的决策组合为（执行，执行）。在此条件下：

$$U_i(执行) = P'_{i1} - Z_i$$

$$U_j(执行) = P'_{j1} - Z_j$$

　　由于环境规制的跨区域影响，两地区采取环境规制政策带来的环境污染改善效果大于独立情况下，即 $P'_{i1} > P_{i1}$，$P'_{j1} > P_{j1}$。

　　二是 j 地区地方政府不执行环境规制，即两个政府的决策组合为（执行，不执行）。在此条件下：

$$U_i(执行) = P''_{i1} - Z_i$$

$$U_j(不执行) = -P'_{j2}$$

　　由于 j 地区地方政府不执行环境规制政策，导致 i 地区实施环境规制的环境效果相对于独立条件下减小，而 j 地区的环境污染由于 i 地区的环境规制，恶化情况也小于独立条件下，即，$P''_{i1} < P_{i1}$，$P'_{j2} < P_{i2}$。

　　（2）若 i 地区的地方政府选择不执行环境规制，则面临两种可能的情况：

一是 j 地区地方政府执行环境规制，即两个政府的决策组合为（不执行，执行）。在此条件下：

$$U_i(不执行) = -P'_{i2}$$
$$U_j(执行) = P''_{j1} - Z_j$$

其中，$P'_{i2} < P_{i2}$，$P''_{j1} < P_{j1}$。

二是 j 地区地方政府也不执行环境规制，即两个政府的决策组合为（不执行，不执行）。在此条件下：

$$U_i(不执行) = -P''_{i2}$$
$$U_j(不执行) = -P''_{j2}$$

由于两地区均未采取环境规制，导致整体上环境污染相对于独立条件下加剧，即 $P''_{i2} > P_{i2}$，$P''_{j2} > P_{j2}$。

根据两个相邻地区的除环境规制决策外无显著差异的假设，可将支付函数做进一步简化，使 $P_{i1} = P_{j1} = P_1$，$P'_{i1} = P'_{j1} = P'_1$，$P''_{i1} = P''_{j1} = P''_1$，且满足 $P'_1 > P_1 > P''_1$；使 $P_{i2} = P_{j2} = P_2$，$P'_{i2} = P'_{j2} = P'_2$，$P''_{i2} = P''_{j2} = P''_2$，且满足 $P''_2 > P_2 > P'_2$；$Z_i = Z_j = Z$。

据此，两个地方政府环境规制博弈的支付矩阵如表 6-2 所示，一个地方政府在另一个地方政府执行环境规制的前提下，选择不执行环境规制的效用损失相对较低，而选择执行环境规制的效用增加则被削弱，因此，地方政府有更大的倾向选择不执行环境规制，从而使（不执行，不执行）成为纳什均衡解。可见在没有约束机制条件下，地方政府很容易陷入双方都选择不执行环境规制的"囚徒困境"，造成整体环境质量的恶化。这就是通常所说的"环境竞次"（Race to the Bottom）行为，即由于每个地区都担心别的地区会采取比本地区更低的环境规制而使本地区的工业产业处于竞争劣势，为了避免受到竞争损害，地区间会不约而同竞相采取比其他地区更低的环境规制，并最终使整个国家环境恶化加剧。

表 6 - 2　　　　　地方政府环境规制博弈的支付矩阵

| | | 地方政府 j | |
|---|---|---|---|
| | | 执行 | 不执行 |
| 地方政府 i | 执行 | $P_1' - Z,\ P_1' - Z$ | $P_1'' - Z,\ -P_2'$ |
| | 不执行 | $-P_2',\ P_1'' - Z$ | $-P_2'',\ -P_2''$ |

### 6.1.2.3　约束条件下的地方政府间环境规制博弈分析

为促进地方政府执行环境规制，中央政府对地方政府的环境规制政策和执行、环境污染减排情况进行监察，若地方政府不执行环境规制或环境污染减排不达标，都会受到中央政府的惩罚。若两地区中有一方政府执行环境规制而另一方不执行环境规制，不执行的一方，中央政府的惩罚为 $C_1$；若两地区地方政府均不执行环境规制，会带来环境的更加恶化，中央政府将额外惩罚 $C_2$。引入约束机制后，两个地方政府环境规制博弈的支付矩阵如表 6 - 3 所示。

表 6 - 3　　　　约束机制下地方政府环境规制博弈的支付矩阵

| | | 地方政府 j | |
|---|---|---|---|
| | | 执行 | 不执行 |
| 地方政府 i | 执行 | $P_1' - Z,\ P_1' - Z$ | $P_1'' - Z,\ -P_2' - C_1$ |
| | 不执行 | $-P_2' - C_1,\ P_1'' - Z$ | $-P_2'' - C_1 - C_2,\ -P_2'' - C_1 - C_2$ |

比较不存在约束机制与存在约束机制两种情况下，i 地区地方政府环境规制决策选择的支付函数，可以得到在约束机制下 i 地方政府执行环境规制的条件，即执行和不执行环境规制引起的环境状况的差异所带来的地方政府支付水平的变化大于环境规制的成本支出，更易满足，因此，地方政府倾向于选择执行环境规制。具体分

析如下：

（1）若 j 地区地方政府选择执行环境规制：

一是不存在约束机制下，i 地区地方政府选择执行环境规制的条件为：

$$P_1' - Z > -P_2' \rightarrow P_1' + P_2' > Z$$

二是存在约束机制下，i 地区地方政府选择执行环境规制的条件为：

$$P_1' - Z > -P_2' - C_1 \rightarrow P_1' + P_2' > Z - C_1$$

基于上两个条件的比较，存在约束机制下，在 j 地区地方政府选择执行环境规制时，i 地区地方政府对于达到相同环境改善效果所能容忍的环境规制成本支出更高，（执行，执行）的纳什均衡结果更容易达到。

（2）若 j 地区地方政府选择不执行环境规制：

一是不存在约束机制下，i 地区地方政府选择执行环境规制的条件为：

$$P_1'' - Z > -P_2'' \rightarrow P_1'' + P_2'' > Z$$

二是存在约束机制下，i 地区地方政府选择执行环境规制的条件为：

$$P_1'' - Z > -P_2'' - C_1 - C_2 \rightarrow P_1'' + P_2'' > Z - C_1 - C_2$$

与 j 地区地方政府选择执行环境规制条件下的结果相同的是，存在约束机制下，i 地区地方政府对于达到相同环境改善效果所能容忍的环境规制成本支出更高。与此同时，由于中央政府对环境过度恶化的额外惩罚 $C_2$ 的存在，即使 j 地区地方政府选择不执行环境规制，i 地区地方政府也将更倾向于执行环境规制。

基于 i 地区地方政府选择执行或不执行环境规制，j 地区地方政府环境规制决策的分析与之完全相同，因此，约束机制下，两地区地方政府最终选择（执行，执行）的纳什均衡结果更容易达到。

# 6.2　地方政府环境规制决策的空间计量检验

## 6.2.1　模型及数据

基于地方政府环境规制决策的博弈分析，结合我国省际环境规制的实证研究结果，可以看出我国省际环境规制竞争存在策略性行为，某一省份的环境规制决策必然受到周边与其存在竞争关系的省份地方政府决策的影响。i 地区环境规制强度的下降将增加本地区企业的利润，从而降低 j 地区企业的相对利润，从而导致生产要素的跨地区流动，因此，各地区地方政府就存在为了加强本地区的经济竞争优势，降低环境规制的冲动。与此同时，若中央政府将环境质量指标明确引入政绩考核体系，或居民对生态产品和服务的要求对地方政府绩效至关重要，地方政府则会基于自身收益最大化增加环境规制强度以至少达到最低环境污染减排要求。因此，地方政府的环境规制决策的效用最大化需要满足：

$$\underset{E_i}{Max}U_i = F(\pi_i,\ h_i,\ g_i,\ ER_i)$$

$$\pi_i = \prod{}^i(K_i,\ K_{-i},\ L_i,\ L_{-i},\ ER_i,\ ER_{-i})$$

$$h_i = H^i(w_i,\ w_{-i},\ L_i,\ L_{-i},\ ER_i,\ ER_{-i})$$

$$g_i = F^i(T_i,\ G_i,\ ER_i,\ ER_{-i})$$

其中，$\pi_i$ 代表 i 地区企业的利润，$h_i$ 代表当地居民的福利水平，$g_i$ 代表地方政府政策的直接收益，$K_i$，$L_i$，$w_i$ 分别代表资本、劳动力和工资水平，$ER_i$ 代表环境规制，$T_i$ 代表政府的税收变化，该变量与企业的利润密切相关，$G_i$ 则代表地方政府对环境等公共事务的参与程度，该变量决定政府绩效水平。下标为 –i 的变量代表与 i 地区紧密相关的其他地区的相应变量。

基于上述条件，可以得到地方政府间环境政策的反应函数为：

$$ER_i = R^i(ER_{-i}, K_i, w_i, L_i, G_i) \qquad (6-5)$$

为了分析我国地方政府环境规制的策略性互动模式，本书基于上述反应函数，从地区环境规制决策的博弈过程中三大利益主体，即地方政府、居民和企业的影响出发，确定地方政府环境规制决策的具体影响因素，构建计量分析的基础模型，如公式（6－6）所示。

$$ER_{it} = \beta_0 + \beta_1 F_{it} + \beta_2 Z_{it} + \beta_3 S_{it} + \beta_4 J_{it} + \beta_5 I_{it} + \varepsilon_{it} \qquad (6-6)$$

式中：i 代表地区，t 表示时间，$ER_{it}$ 为 i 地区地方政府的环境规制决策，F 代表地方政府对环境问题的参与程度，Z 代表当地的企业投资情况，S 代表当地居民的就业情况，J 代表当地居民的工资收入水平，I 代表产业结构，$\varepsilon$ 为随机误差项，其中产业结构对环境规制决策的影响主要体现政府官员对政绩的考虑，因为地方政府追求政绩的主要手段是通过大力发展第二产业从而提高当地的GDP（徐现祥等，2007[227]）。

从地方政府环境规制决策的分析可以看出，如公式（6－6）所示的基础模型中，无论是被解释变量还是解释变量均存在空间自相关，各个地区间的相互影响极为显著，对于该类策略互动问题的分析，空间 Durbin 模型提供了更为合理、有效的分析结果（Lesage & Pace，2009[228]）。空间计量模型将空间相关性纳入分析，空间滞后模型用以处理被解释变量的空间滞后过程，而空间误差模型则主要是用来处理解释变量可能存在空间自相关或空间误差依赖性的问题（Brueckner，2003[229]）。而在空间 Durbin 模型中，通过引入空间滞后解释变量，在一定程度上解决了误差项空间自相关的问题。基于如公式（6－7）所示的一般空间分析模型，空间 Durbin 模型增加了空间 Durbin 项 θWX，具体如公式（6 - 8）所示：

$$y = \rho Wy + X\beta + \varepsilon \qquad (6-7)$$

$$y = \rho Wy + X\beta + \theta WX + \varepsilon \qquad (6-8)$$

其中，θ 为解释变量 X 的待估参数。

因此，本章构建如公式（6 - 9）所示的空间 Durbin 模型来检验我国地方政府的环境规制决策。

$$ER_{it} = \rho WER_t + \beta_0 + \beta_1 F_{it} + \beta_2 Z_{it} + \beta_3 S_{it} + \beta_4 J_{it} + \beta_5 I_{it}$$
$$+ \theta_1 WF_t + \theta_2 WZ_t + \theta_3 WS_t + \theta_4 WJ_t + \theta_5 WI_t + \varepsilon_{it}$$

$$(6-9)$$

考虑到地方政府无权对我国统一的环境法规和标准进行修改，同时地方性立法的环境治理效果不明显（包群等，2013[230]），所以各地区环境规制的主要差别表现为环境治理投入水平和环境监管力度两个方面（杨海生等，2008[231]）。本书分别选取工业污染治理投资完成额来反映环境污染治理投入水平（$ER_1$），以及排污费收入总额指标来反映环境监管力度（$ER_2$），并通过取对的方法去除量纲的影响；企业投资情况通过计算相对资本密集度来衡量，相对资本密集等于各地区资本劳动比减去平均资本与平均劳动力之比，某地区相对资本密集度的增加意味着企业向该地区投资的增加或转移，地方政府对环境问题的参与程度用政府公共预算的财政赤字来衡量，一般情况下，政府的公共支出应带来居民福利水平的提升；居民就业情况用城镇人口失业率衡量；当地居民的收入水平以地区平均工资水平来衡量；产业结构以第二产业增加值占地区生产总值比重来衡量。所有指标涉及的相关原始数据主要来源于2001 ~ 2014 年《中国统计年鉴》《中国环境统计年鉴》《中国环境年鉴》《中国工业统计年鉴》及各省份的统计年鉴，各年涉及金额的指标均以 2000 年为基期修正，以剔除价格水平变动的影响。具体指标数据的统计描述见表6 - 4。

表 6 - 4　　　　　　　　　　样本数据变量的统计描述

| 变量 | 单位 | 均值 | 标准差 | 最小值 | 最大值 |
|---|---|---|---|---|---|
| lnER$_1$ | 万元 | 10.85154 | 1.534501 | 4.704368 | 13.42474 |
| lnER$_2$ | 万元 | 10.02416 | 1.218962 | 4.948234 | 12.4026 |
| F | 亿元 | 543.5088 | 473.7132 | 24.9198 | 2507.696 |
| Z | 万元/人 | 5.252172 | 12.30984 | -7.897535 | 95.26247 |
| S | % | 3.647558 | 0.7062126 | 0.8 | 6.5 |
| J | 元 | 21631.03 | 10715.71 | 6918 | 67862.48 |
| I | % | 46.67025 | 8.206323 | 19.75968 | 61.5 |

资料来源：根据《中国统计年鉴》《中国环境统计年鉴》《中国环境年鉴》《中国工业统计年鉴》等整理。

## 6.2.2　空间计量检验

对于空间 Durbin 模型的估计，采用最大似然估计法（Elhorst & Freret，2009[232]），2000~2013 年我国省际环境规制决策的空间回归结果见表 6 - 5。空间 Durbin 模型的 LR 检验以 1% 的显著水平拒绝不存在空间相关性即 ρ 为零的原假设，空间 Durbin 项的 LR 检验也以 1% 的显著水平拒绝被解释变量不存在空间相关性即 WX 系数为零的原假设，因此，本书分析模型中的空间分析方法设定是合理的。从空间 Durbin 模型回归结果的 Wald 检验和 F 检验来看，整个模型的回归结果也是有效的。

表 6 - 5　　　　环境规制决策的空间 Durbin 模型估计结果

| 变量 | lnER$_1$ | lnER$_2$ |
|---|---|---|
| constant | 6.525 *** (13.92) | 5.932 *** (17.60) |
| F | 0.00101 *** (4.81) | 0.00114 *** (7.53) |

续表

| 变量 | $lnER_1$ | $lnER_2$ |
|---|---|---|
| Z | $-0.0242$ *** <br> $(-3.56)$ | $-0.0337$ *** <br> $(-6.88)$ |
| S | $-0.247$ *** <br> $(-3.18)$ | $-0.0890$ <br> $(-1.59)$ |
| J | $0.0000165$ ** <br> $(2.16)$ | $0.0000160$ *** <br> $(2.90)$ |
| I | $0.0946$ *** <br> $(13.68)$ | $0.0750$ *** <br> $(15.02)$ |
| w1x_F | $-0.000196$ *** <br> $(-3.38)$ | $-0.000158$ *** <br> $(-3.79)$ |
| w1x_Z | $0.00470$ ** <br> $(2.32)$ | $0.000491$ <br> $(0.33)$ |
| w1x_S | $-0.104$ *** <br> $(-4.06)$ | $-0.0324$ <br> $(-1.62)$ |
| w1x_J | $-0.00000431$ <br> $(-1.49)$ | $0.000000418$ <br> $(0.19)$ |
| w1x_I | $-0.0102$ *** <br> $(-3.51)$ | $-0.000894$ <br> $(-0.36)$ |
| $\rho$ | $0.0967$ *** <br> $(10.78)$ | $0.0270$ ** <br> $(2.11)$ |
| obs | 434 | 434 |
| WaldTest | 262.6358 | 670.5167 |
| F - Test | 26.2636 | 67.0517 |
| LR Test SDM | 116.2700 *** | 4.4618 * |
| LR Test wX | 144.3135 *** | 19.1956 *** |

注：（）内为 t 统计量值；*，**，*** 分别表示在 10%，5%，1% 水平上显著。

通过空间 Durbin 模型的回归结果可以发现，环境污染治理投入水平和环境监管力度的空间相关性系数 ρ 值均显著为正，说明省际环境规制策略的选择存在空间上的聚集，从地方政府环境规制的竞争形态来看，地方政府主要采取"竞相向上"或"竞相到底"策略，即倾向于采取与周边邻近地区相同的环境规制策略，呈现相互攀比式的趋同化趋势（Fredriksson，2002[233]；Woods，2006[234]）

而非差别化竞争策略。

环境污染治理投入水平（$ER_1$）与本地区财政赤字存在显著的正向关系，财政赤字越大，表明地方政府对本地区公共事业的重视程度越高，在企业与地方政府关系上更具主导地位，因此地方政府在进行环境规制决策时会更多地考虑当地居民的福利水平，而基于经济利益放松企业环境规制的动力相对较低。相对资本密集度则与环境污染治理投入呈显著的反向关系，即环境管制强度随当地资本增加而减少，这意味着吸引资本始终是我国地方政府促进当地经济增长的重要手段，而降低环境规制强度将促进企业增加投资或者吸引企业跨区域转移。失业率与环境污染治理投入也呈显著的反向关系，当失业率较高时，当地居民更关注经济增长，对于环境恶化的容忍度较高甚至在一定程度上认同通过牺牲环境获得更高的收入，但随着失业率的降低，当地公众会对环境问题的关注程度上升，对环境质量的要求进一步提高，从而对政府的环境规制提出更高的要求。平均工资水平与环境污染治理投入之间存在显著的正向关系，工资水平越高，居民对于生活质量的追求越高，对环境问题也就越关注，从而对政府环境治理产生更大的压力。第二产业增加值占地区生产总值比重越大，则环境污染治理投入也越多。

从周边邻近省份的上述影响因素对本省份环境污染治理投入水平的影响来看，周边地区地方政府财政赤字对本地区环境污染治理投入水平产生显著的负向影响，即如果周边地区地方政府采取积极的财政政策加大治污投入，则本地区地方政府基于"搭便车"的动机会相应降低环境治污投入。周边地区相对资本密集度对其产生显著的正向影响，可以解释为本地区环境治污投入的增加会带来资本向周边地区的转移进而提高周边地区的相对资本密集度。周边地区的失业率对其存在显著的正向影响，周边地区的失业率越高，本地区居民对于失业率的容忍程度也会越高，对于环境质量在自身福利水平评价中的比重也越高，从而更关注当地环境质量。周边地区工资水平对本地区环境治理投入没有显著影响，第二产业比重则有显著的负向影响，周边地区的第二产业比重越大，本地区环境污染治理投入越低。综合来看，周边地区的自变量对本地区的因变量的影响是显著的，其中，本地区和周边邻近地区的财政赤字、相对资本密集度、第二产业比重对于本地区环境治理投资水平的影响方向是不同的，失业率的影响方向则相同。

环境污染监管力度（$ER_2$）的回归结果与环境治理投资水平（$ER_1$）基本相同，与本地区财政赤字存在显著的正向关系；与相对资本密集度存在显著的反向关系；与平均工资水平、第二产业比重为显著的正向关系；与失业率不存在显著的相关关系。周边地区的影响因素中，周边地区的财政赤字对本地区环境污染监管力度产生显著的负向影响，即周边地区地方政府对环境等公共事务参与度越高，本地区获得的环境优化的正外部效应越大，相应的本地区则选择更小的环境监管力度，另外，也存在由于周边地区地方政府对企业的依赖性较小，本地区采用较低的环境规制来吸引企业投资的可能。周边地区的相对资本密集度、失业率、平均工资水平、第二产业比重对本地区环境监管力度的影响不显著。因此，周边地区相关因素对环境污染监管力度的影响程度，显著小于对环境污染治理投入的影响，也可以认为环境污染治理投入这一地方政府环境规制决策更多地受到其他地区决策的影响，因而空间相关性更为明显，这在 ρ 值上也得到了体现。

## 6.2.3　实证结论

本书基于地方政府环境规制决策的博弈分析，以地方政府效用最大化为前提得到地区环境规制的反应函数，从地方政府、居民、企业三大主体的行为分析出发，构建了地方政府环境规制决策的基本模型。并采用了空间 Durbin 模型对这一策略互动问题进行了空间计量分析，探讨了我国省际环境规制决策的影响机制，研究结果显示：

（1）我国地方政府间存在着以环境规制为手段的竞争，并且地方政府与周边与之存在竞争关系的地方政府主要采用相互攀比式的雷同化策略而非基于错位竞争的差别化策略。

（2）地方政府财政赤字、地区平均工资水平、产业结构对本地区环境规制强度存在显著的正向影响，即财政赤字越大，地方政府参与环境治理的能力越强，环境规制强度越大；当地收入水平越高，地方政府越倾向于更为严格的环境规制；第二产业比重越高，环境规制强度越大。相对资本密集度和失业率对本地区环境规制强度则有显著的负向影响，即地方政府若以吸引投资、解决就业为首要任务，便会倾向于降低环境规制强度，通过牺牲环境获得经济增长。

（3）周边地区的地方政府、企业和居民的行为选择对本地区地方政府环境规制决策产生显著的影响，基于"搭便车"动机选择相对于周边地区更低的环境规制强度体现得最为明显。

# 6.3 国外区域环境规制的经验

纵观人类文明与发展历史，大规模环境问题是近几个世纪才出现的，发达国家实际上走过了一条先污染后治理的道路。发达国家已经走过的环境治理道路，无论经验与教训，都是人类文明共同的财富，我们都应当学习经验、汲取教训。

## 6.3.1　美国环境管理体制及区域环境规制实践

第二次世界大战之后，美国经济得到迅速发展，但也带来了严重的环境问题，曾经震惊世界的污染公害事件其中有两件发生在美国。自 1970 年美国环保局成立，采用强有力的国家法律，并实施市以场为主导的有效环境经济政策，使得环境得到了很大的改善。

### 6.3.1.1　美国环境管理体制

美国环境保护管理体制是随着 20 世纪中期以来国家对环境问题的逐步重视和政策倾斜而建立起来的。其主要分为联邦环境管理层次和州与地方环境管理层次。

（1）管理机构。联邦层次主要包括 1970 年成立的联邦环保局（EPA）和 1969 年成立的国家环境质量委员会（CEQ）。联邦环境保护局作为一个独立行政部门成立于 1970 年 12 月，主管全国的污染防治工作，它是联邦政府执行部门的独立机构，直接向总统负责。在联邦环境保护局（EPA）共设立有 12 个主管部门负责对项目、职能、人事进行管理。联邦环境保护局（EPA）集中主管全国各种形式的环境污染防治工作，如制定国家环境标准，发放企业排污许可证，制定对内对外环保政策，实施和执行联邦环境法。为满足管理联邦环境活动的需要，EPA 由 17 个部门和 10 个区域办公室以及分布在全国 17 个实验室组成，其规模庞大，且独立立法，权威性很高。

国家环境质量委员会（CEQ）是根据国家环境政策法（NEPA）的规定于 1969 年设立的，直属于总统，主要职责为协助总统编制环境质量报告；向总统提出改善环境质量的政策建议；至少每年一次向总统报告国家环境质量状况；根据总统的要求，提出有关政策与立法等事项的研究、报告与建议。但其具有极大的依赖性，完全受制于总统，其作用的发挥完全取决在任总统对环保的态度。

联邦政府其他部门。美国联邦法规除确立联邦环保机构的环境管理主导地位与优先权外，同时也承认联邦各部门兼有环保管理的职能，主要有联邦内政部、农业部、林业局、司法部。其他的如联邦商务部、劳工部、国会研究部、国会审计局、海岸警备队，对一些跨州的河流则建立河流管理委员会，并配备州际委员会来协调州之间的水事纠纷。

各州的环境保护事务依然由各州来管辖。州政府的主要职能包括：经授权代表联邦执行联邦计划和执行州固有的事务；自主制定州的法律（各州可以制定更为严格的法律）；监督环境状况；针对具体环境问题颁发许可证；确保计划得以实施。在州以下的各地方政府（如城市、乡村政府），主要目的是提供环境服务以及依法处理区域噪声、恶臭和垃圾等事务，此外还从 EPA 接受信息、专门技术和资金。

（2）运行机制。美国联邦环保局不是传统的主导者，而强调州的参与和协调性。具体说来，包括修订对州的功绩评价标准，完善环保局和州的数据管理系统，尤其在管理信息上注重协调性、共享性。州级环境保护局并不受联邦环保局的领导，也不是附属关系，各州环保局各自保持独立，依照本州法律履行职责，依据联邦法律在部分事项上与联邦环保局合作。联邦与州环保部门之间的工作内容在双方协商后由法律协议规定下来，这种联邦与州的关系称之为联邦－伙伴关系。此外，美国联邦环保局将美国 50 个州划分为 10 个大区，在每个大区设立区域环境办公室，这 10 个区域办公室是美国环保局的重要组成部分，是实施这个伙伴关系的关键。每个区域办公室监督几个州的综合性环保工作，在这些州内代表联邦环保局执行联邦的环境法律、实施联邦环保局的各种项目，由它们作为联邦环保局的代表来监督各个州的环境保护工作，协调州与联邦政府的关系，以确保区域性环境问题得以解决。如根据《清洁空气法》的授权，在一定情况之下，联邦环保局一旦发现州的环境执法不力，就可以直接行使原来由州行使的环境执法权。联邦环保局在1995 年建立了绩效合作协议制度，根据这项协议任何一个州都可以和环保局负责该州的地区办公室谈判绩效合作协议。这种做法增强了州政府的自主性，同时也为联邦政府寻求和州政府的合作找到了路径。

国家环境质量委员会既是环保事务的管理机构，又是总统的咨询与协调机构。还是行政机关间的协调机构，帮助总统协调解决行政机关间有关环境影响评价的意见分歧。联邦环境执行官办公室还具有负责协调联邦政府各部门之间关系的职能。在进行开发决策时，联邦内政部在国会与国务院之间经常处于矛盾地位，当联邦内政部的决定（主要在水资源的利用方面）与 EPA 发生冲突时，由总统做出最终决定。EPA 在执行机制方面有三大特色：第一，有自己的行政执法官，这是在联邦政府中设立的有处罚权的官员，目的在于迅速解决纠纷；第二，有一定数量编制的警察队伍，主要管辖重大环境违法事件；第三，在与各州政府的关系方面，享有较大的权力，当各州未能执行环境标准时，可以独立于州直接执行和查处违反联邦标准的行为。

（3）政府间的合作。在环境治理中，美国较早地重视跨行政区或跨域污染（水污染、大气污染、土地污染、酸雨污染等）的合作治理，州、地方政府之间存在很多合作形式，用以解决区域或流域政府间资源环境纠纷。在联邦体制下，美国的各州之间存在很多合作形式，有非正式的合作形式，比如成立自愿的联合会，更多的是正式的合作形式，包括州际协定、行政协定和有关州际冲突的司法裁决在内的不同形式。其中具有州法和合同性质的州际协定是最重要的合作形式。在美国，州际协定是各个州之间实现州际合作和解决州际争端的重要法律机制，对于成员州具有当然的法律效力，经国会批准的州际协定就成为合众国的法律，任何一州都不能随意破坏。此外，在美国，建立区域委员会是大都市区治理的一种有效机制。20世纪60年代，美国联邦政府对高速公路、环境等方面进行了大量投资，为了得到资金，地方政府必须使自己的申请符合区域规划，在联邦政府的支持下，区域委员会得以成长起来。区域委员会是由县、自治市以及特区等组成的自愿性区域组织，主要目的是加强地方政府之间的交流、合作与协调，以解决大都市区所面临的一些区域性问题。区域委员会有两种类型：区域规划委员会和政府联合会。区域规划委员会的任务通常是就某一领域如空气污染控制、固体垃圾处理、运输、法律执行、水质、土地利用、人力资源以及经济发展等，为大都市区内的地方政府制定规划和提出建议。另外，特区（专区）（special district）制度是美国府际合作发展比较成功的做法，建立特区目的是提供跨行政区公共服务与产品，比如说水资源、港口。城市联盟是由一个或多个历史形成的中心城市及环绕在其周边的一系列城镇所组成，这些周边城镇在政治、经济、环境方面相互依赖。这些区域性管理机构建立后，要求地方政府环境资源管理要服从区域环境资源管理机构，要让各方面的代表充分参与区域的管理，包括参与决策和监督决定或决议的贯彻执行。大都市区环境合作治理方面的主要有以下几种方式，一是组建半官方性质的地方政府联合组织，解决跨区域的重大问题。比较著名的大都市区地方政府协会有1961年成立的"旧金山湾区地方政府协会"和1966年成立的"南加州政府协会"。二是设立各种功能单一的特别区及其专门机构。具体有大气质量管理区、废弃物管理区、海港管理区、空港管理区等等。大的特别区由州授权建立，小的则由县设立。其中许多管理机构成员由民选产生，具有相当的权威性。如 1977 年洛杉矶南海岸大气质量管理区（AQMD）。三是政府间签订合约。这是大都市区内城市政府之间合作中比较普遍采用的一种方式。主要是公共设施方面的合作，通过合约方式把市场法则引入行政管理领域，普遍受到欢迎。如洛杉矶市在筹建污水处理厂时与周边城市进行了广泛的磋商，最后与 29 个城市签订合约。

### 6.3.1.2　美国南加州海岸空气质量管理

第二次世界大战给美国加州经济发展带来了良好的契机，随着入迁人口的激增和工业化进程的加快，加之洛杉矶盆地特殊的地形，环境污染日趋严重，引致了恶名昭彰的世界八大环境公害事件之一的洛杉矶烟雾事件，引起州政府和当地居民的高度重视。美国根据空气流动特征将大气品质区（Air Basin）作为区域管理单位的一个划分标准，将全国划分为若干个大气品质区进行管理，这一区域是唯一被 EPA 划为空气污染极端严重的地区。为了控制跨界大气环境污染，加州政府将全区设 13 个质量管理区实行区域管理，但各个区域独立的管理已经不能解决整个区域环境问题，通过区域间的非正式合作与协商解决区域环境问题也被证明是无效的[235]。1976 年，加州建立了控制该区域空气污染的政府实体机构，即南海岸区域空气质量管理区（SCAQMD），在 SCAQMD 领导和技术成员的努力下，南加州地区的空气质量得到了极大的改善，有效地解决了加州地区跨界大气环境管理问题，并一直沿用至今，是解决区域内跨界大气环境问题的典范。

SCAQMD 主体由加州构成，由国家立法机关和政府授权成立[236]。其管理范围涉及洛杉矶等四个大县和几十个城市，其中的污染受区橙县（Orange，California）和污染重区洛杉矶之间的矛盾由来已久，特别是污染影响区即便通过自身的严格排放控制仍然无法达标，需要处于上风向的污染输出区配合治理，而对于污染输出区，在同等的治理成本条件下，治理高架源与面源污染最终造成的其他县区空气质量改善效果差异很大，因此需要区域管理机构的协调，将能根据污染治理成本和污染治理效益的差异制定整合的规划和目标，从而使 SCAQMD 大区下治理效益达到最优水平。SCAQMD 管理区设有一个管理委员会，下设 12 个委员。管理委员会有权进行立法、执法、监督、处罚，并通过计划、规章、强制执行手段、监控、技术改进、宣传教育等综合手段协调开展工作。作为一个区域性管理机构，SCAMQD 管理对象是固定大气污染源和部分流动污染源，汽车等流动污染源主要由州政府直接管理。它最主要的职能职责是加强跨界合作，与地方政府和其他社会团体共同制订和实施跨界合作计划。通过区域规划，与制定并与参与规划实施的政府及相关部门协作，并将研究的跨区域管理政策向美国国家环保局（EPA）和州政府提出，以便制定出使整个国家受益的大气环境政策。SCAQMD 的决策模式是通过委员会投票决定，如需通过计划和法案，还需经由联邦环保部和州空气质量管理局。管理委员会 12 位成员中有 3 名指派，9 名选举，使得决策中需要考虑到政策支持度，但又同时受到监督不会完全被公众左右，比如不会因当地商业团体的反对而放弃政策。

　　SCAQMD 内设立法、执法和监测等主要职能部门。立法部门每三年编制一次大气质量管理计划，确定改善大气质量的目标和措施。该计划是保障该地空气质量达标的蓝皮书，借助排污许可、检查、监测、信息公开与公众参与等方式实现减排目标。根据这一计划，还要对各种污染源制定具体的管理法则，各种法则经过管理委员会审议通过后即可实施。执法部门主要是负责审查颁发许可证及对各企事业单位的环保计划和措施执行情况进行监察，对违规者给予处罚。企事业单位领取许可证时需要交费，另需每年交纳一定的年费，对污染企业也会收取排污费。目前，SCAQMD 近 90% 的日常运转费用由各类收费解决。监测部门的职责是负责对大气质量的监测分析。此外，管理区也做一些环保新技术的推广工作。管理区代理机构更多地采用非管制手段，例如，基于市场的激励手段，许可证制度、商业援助和技术支持等。

自 1993 年开始创建了区域清洁空气激励市场机制（regional clean air incentives market，RECLAIM），覆盖了区域内 330 多个大排放源，主要针对氮氧化物、二氧化硫以及其他污染物，用总量控制取代了原有的针对每个排放源的排放控制和技术要求，取得了污染控制和成本节约的双重成功。大气区域管理制度促进了该地区空气质量达标，以美国污染最为严重的城市之一洛杉矶为例，尽管人口数量和汽车保有量逐步上升，但该地区的空气质量持续的改善。

### 6.3.1.3　美国臭氧污染区管理

在洛杉矶地区取得成功后的 20 年，科学家基于低层大气中的臭氧传输与复合污染研究，建议美国环保署实施更广范围的区域合作。1970 年通过的《清洁空气法案》在其 1990 年的修正案中划分了臭氧传输区域（Ozone Transport Region，OTR），并在臭氧污染严重的东北部缅因州、弗吉尼亚州与哥伦比亚区建立了管理机构臭氧传输协会（Ozone Transport Commission，OTC），该协会由各州代表以及环保署成员组成，制定区域 VOC、挥发性有机化合物（VOC）、氮氧化物减排目标并督促实施。1990 年美国修订了《清洁空气法案》，划分了 OTR，由东北部缅因州、弗吉尼亚州与哥伦比亚区组建 OTC，其成员由各州代表以及环保署成员组成，最初的职责是对流层臭氧浓度进行控制，后来关注氮氧化物的扩散。OTC 最初的职责是帮助地方政府采取必要措施对对流层臭氧浓度进行控制，以达到联邦政府的要求，后来进一步研究发现氮氧化物的迁移对大气环境的影响，开始关注氮氧化物的扩散。它的工作分为三个方面：一是风险评估和模型研究。重点关注大气污染易造成哪些潜在的健康威胁或安全风险，以及目前急需解决的科学问题；二是制定控制移动大气污染源相关政策，主要是对汽车尾气的移动污染源控制；三是制定控制固定大气污染源相关政策，主要是能源的有效利用。

OTC 组织结构上对组成成员有一定的限制，参加会议的成员必须是政府环境委员，EPA 是其中必须参与的成员之一，这样可以迫使联邦政府和州政府能在一起讨论问题。当地方政府需要通过 OTC 向 EPA 提供建议时，EPA 可以赞成也可以驳回它的提议。但是一旦驳回了 OTC 的建议，EPA 必须给出理由，并提出可以达到相同目的的供选择的其他方案．OTC 主要通过三个方面的协作来运作的：一是在 OTC 成员共同签署的理解备忘录指导下，各成员通过合作协议，相互合作、共同协商合作区域内流动污染源的控制；二是通过这个机制 OTC 成员州可以在某个事件上一致对外（其他州、产业、联邦政府等）；三是联合科研、企业等各种机构进行科学研究和综合评估，同时也参与其中的科学研究，通过对大气污染物的传输研究，为 EPA 制定控制臭氧长距离传输相关决策提供可靠依据[237]。其后，美国又组建了臭氧传输评估组织（OTAG），并在 2003 年开始执行氮氧化物的州实施计划（SIP Call），实施范围包括美国东部大部分州和加拿大东部各省，要求在考虑区域影响的基础上控制臭氧污染[238]，经过多方的共同努力，美国东部地区氮氧化合物和臭氧的排量得到了有效的控制。

### 6.3.1.4 美国区域环境规制的经验

美国区域环境规制政策是伴随着环境问题的出现而出现，并随着环境问题的发展变化而相应调整完善起来。以美国的大气污染为例，可以看出有以下几点经验：

（1）健全的环保法律体系。美国完善的法律体系和有效地执法机制有效地保障了环境管理的效果。1970 年批准的《国家环境政策法》为美国历史上第一个全面地把环境保护列为美国国家基本法律政策的法律，标志着美国环境政策进入一个新的阶段。此后，一系列重要的立法在国会获得通过，基本上构筑了后来美国环境保护法律制度的框架。现行的《清洁空气法》是在 1970 年的《清洁空气法》基础上，经过 1977 年、1990 年两次修订而成的。该法案是一部规制空气污染物排放的联邦综合法律，授权美国环境保护局建立联邦空气质量标准以保护公共健康和公共福利，并对空气污染物的排放进行规制，发布国家一级和二级空气质量标准。该法律规定美国联邦政府提供的主要的空气质量监督服务是制定统一的联邦最低标准，州和地方可以制定更为严格的空气污染法律，但是不能比联邦政府的规定弱。

（2）高效的环境管理体制。美国的纵向环境管体制，根据自身特点构建了环境联邦主义，即联邦政府负责主要跨界污染物的环境法律法规与政策的制定，州及以下政府负责实施，而美国环保局的区域办公室负责监督各州的具体实施。不跨界的污染物，主要由各个州自己负责立法与实施，联邦政府不予干预。美国联邦与州的环境联主义经验，清晰的界定了中央和地方的环境管理的各自事权财权，做到责权利统一，使中央、地方各司其职、分工合作、协调一致，解决环境政策执行的纵向协调问题，克服地方环保主义，加强环境监督和执行能力。

就跨区环境管理的典范 SCAQMD 和 OTC 的经验看出，都是设立一个跨行政区域的、独立的、专门的公共机构负责跨界范围内政府、企业和公众的全面协调，且能够参与政府的综合决策和城市规划、产业布局等方面的规划。跨区域管理机构要相关法律或区域行政许可范围内依法行使各项权利和义务，依法科学设立其相应的组织机构和对应的职能职责和运作方式，充分发挥其在跨行政区大气环境监管中的主导地位和统一的监督管理权限。区域协调机构人员选聘有严格的要求，并通过吸收来自不同利益团体的各界人士，包括中央或地方官员、学者、NGO 等可以打破窠臼实现制衡体现真正的环境民主。已有研究也表明区域环境管理的利益协调（体现为资金、技术等资源配置）一定程度上取决于人员安排及其与中央政府的制衡能力，这也终将影响到环境治理效果与政策执行效率[239]，这对我国环境治理具有借鉴意义。

（3）严格的监督落实和广泛的公众参与。区域环境规制的持续稳定性与有效性均有赖于所实施的政策必须有公信力，并建立有效的保障、监督和核查机制。SCAQMD 实的施空气质量管理计划的规定不仅包括具体的控制准则，实施细则和具体的减排量，还要求工作人员进行周期性检查来监督实施；同时在四个县区内安装多个连续监测设备监控地区空气质量是否达标，并定期向公众通报，有力保障了管理政策的有效推进。从美国跨界大气污染治理经验可以看出，无论是国会制定法律还是州环境管理机构制定政策，都需要来自公众和受管制方的参与、配合。

## 6.3.2　欧盟区域环境规制演进和经验

欧盟的环境规制形成于环境治理的发展过程中。欧盟的环境治理从最初《煤钢共同体条约》中的环境理性（企业增长的同时应合理开发资源以避免耗竭）开始，从工业污染控制如化学品的危害防治到全面的生态环境保护，从末端治理到源头预防，从成员国各自的环保政策到欧盟层面的协调整合再到引领全球行动，欧盟的环境政策也从共同市场的衍生品发展到较完备的统一政策体系，一体化程度不断提高，逐步形成了欧盟层面的环境贸易和环境外交，影响推动着全球的环境治理，不断推出其环境标准占据全球制高点①。

　　欧盟环保领域的发展是与国际环境趋势和环保动态紧密联系的。1972 年的人类环境会议催生了联合国环境规划署作为联合国内协调重大环境行动的专门机构，之后各国纷纷制定环境法并设立负责环境政策的行政机构，同时国际上形成了诸如《保护世界文化和自然遗产公约》《濒危野生动植物物种国际贸易公约》等系列多边环境公约。在此背景下，1972 年巴黎政府首脑峰会上欧共体六国首次提出在欧共体内部建立一个共同的环境保护政策框架，要求欧共体制定附有精确时间表的行动规划，于是第一个环境行动规划在 1973 年 11 月出台，将环境议题真正纳入了欧盟政策性领域。该行动规划初步确立了欧盟环保政策的目标和原则，即预防优先原则、污染者付费原则、辅从原则、高水平保护原则，其中辅从原则指欧共体进行环境决策的领域为国家行动无效的领域、具有共同利益的领域、国家单独行动将会造成重大经济和社会问题的领域、共同体需要进行环境影响评价的领域、防止跨界污染行动的领域；高水平保护原则指，成员国有权采取比共同体规定更为严格的措施，在未来两年内各成员国的执行原则应以共同体的标准来进行。1977年 5 月初出台了的第二个环境行动规划，指出经济增长的障碍是有限的自然资源，强调了环境保护在经济增长中的重要性，说明欧盟的环境政策进一步融入其经济发展的政策考量中。1983 年第三个环境行动规划为欧共体提供了一个自然资源和环境保护的全面战略，提出鼓励对废弃物的循环再利用，维护生态系统的平衡和再生能力强调环境政策的经济、社会影响，提出开发使用不可再生资源的替代品强化环境政策中的预防功能。

--------

① 蒋尉. 欧盟的环境规制演进、制度因素和趋势［J］. 中国社会科学院研究生院学报，2013，196（7）：130－139.

1986 年签署的《单一欧洲法令》对《罗马条约》的修订，对于欧盟环境政策有着突破性的意义，规定共同体环境政策定的目标是保持、保护和改善环境质量；保护人类健康；节约和合理利用自然资源；在国际层面上促进采用处理区域性的或世界性的环境问题的措施。1992 年在里约热内卢召开的联国环境与发展会议达成了《里约宣言》，通过了全球可持续发展战略文件《21 世纪议程》，签署了《联合国气候变化框架公约》。进入 20 世纪 90 年代，可持续发展战略和制度成为国际环境制度建设的中心任务，环境问题被纳入社会经济的决策框架之中，该阶段欧盟的环境政策有了突破性的发展，提出了"可持续发展"的定义和目标，将环境保护的要求纳入共同体其他政策的制定和实施中，并且细化到一系列的行动中。

2000 年欧盟出台了欧洲气候变化方案，欧盟各成员国都认识到共同应对气候变化的重要性，并采取了一系列减排措施。2000 年 7 月，欧洲议会和理事会通过了《欧共体第六个环境行动规划》，即《环境我们的未来，我们的选择》，该规划将环境与增长、竞争、就业等欧盟发展目标联系起来，明确了优先领域、战略目标以及行动措施。规划确定的四个优先领域中，首当其冲就是气候变化，之后分别为自然和生物多样性，环境、健康与生活质量，自然资源与废物管理。规划的目标还包括要从构成欧盟可持续发展战略的环境角度，将环境保护纳入共同体的所有政策中。2005 年 10 月，欧盟又启动了第二个欧洲气候变化方案，以区别具有成本效益型的减排措施，开发适应气候变化的战略。2007 年以来，欧盟提出更积极的气候政策。2007 年 3 月，欧盟提出三个"20"削减计划，即到 2020 年，欧盟单方面将温室气体排放量在 1990 年的基础上至少削减 20%，能效改善 20%，可再生能源所在总能源消费中的比例将提高到 20%。环境规制已经渗透到经济、政治等领域，进而形成了欧盟层面的环境外交、环境贸易，并成为欧盟软实力的核心要素。

2011 年底，欧盟提出生态创新行动计划（EcoAP），生态创新行动计划从需求、供给政策，以及行业政策和金融工具应用上做出了具体规划，主要包括通过环境立法和政策促进生态创新，支持示范项目并加强与企业间的合作来获得创新技术，制定新的环保标准来推动生态创新。

从 1972 年巴黎峰会首次提出在欧共体内部形成共同环保政策框架，到共同体第一、第二个环境行动规划对于环保基本原则的确立，经第三、第四个环境行动规划提出环境影响评价、综合污染治理方法和成本效益分析方法，第五个环境行动规划提出可持续发展目标和建立环境标准，再到第六个环境规划全面的战略途径、量化的减排目标和全球化视角，半个多世纪以来，欧盟环境政策及其实施机制逐步完善，环境规制和影响的范围和领域不断扩展，与此同时，欧盟环境治理对他国的影响也在加深。

此外，欧盟在区域大气污染防治方面采取了一系列创新性举措，是世界各国学习的典范。欧盟区域大气污染联防联控制度主要有以下特点：一是区域管理和协调制度。欧盟区内建立了大气污染的区（zone）、块（agglomeration）管理与监督制度，其中的区指为了空气质量评价与管理，由成员国对其领域划分的部分；块指人口超过 25 万居民的组合城市区域，以及虽不到 25 万居民但人口密度达到成员国确定的每平方公里人口密度的区域。区和块是环境空气质量评价和管理的基本区域，还是成员国采取环境空气计划的基本区域[242]。欧盟还成立了专门的"环境空气质量委员会"协助欧盟委员会工作。在具体的执行层面，规定了空气中污染物的限制含量，若是成员国未达标，将会面临巨额罚款。二是建立了区域空气质量监测、评价和信息共享制度。欧盟各成员国按照欧盟要求，建立了完善的监测、评估与信息公开体系。为了控制区域大气污染，建立了国家排放上限与核查制度，并确定了完善的配套措施，如成员国报告制度、委员会报告制度和与第三国合作制度等，违反区域控制措施的规定，成员国还应当承担法律责任。欧盟大气污染防治的主要方式，是通过设定环境空气质量指标，按照指标对环境空气质量进行评价，并在此基础上进行管理。在具体操作层面，欧盟成员国采取临时应急和长效机制相结合的方法。三是跨境污染防治合作机制。在跨境空气污染合作方面，规定当任何警戒阈、限值或目标值及任何相关容忍界限或长期目标因重大的空气污染物或其前质的跨境传输致使超过时，相关成员国应协力合作，必要时可制订联合行动计划，并制指令成员国应确保公众和适当的组织充分及时地被通告特定事项。四是区域守法的监督机制。成员国应确保委员会在要求的时间表内获得关于环境空气质量的信息。欧盟负责整体范围内环境质量管理，成员国须向委员会报告有关区和块的重要情况，对于任何未达标的成员国，欧盟都有权进行调查并发表意见，并且有权就违法事项向欧洲法院起诉，英国是第一个被欧盟诉诸法律的成员国。2007 年，欧盟提出了在温室气体、能效改善和可再生能源消费比例方面的三个"20"消减计划，2011 年底，又提出生态创新行动计划（EcoAP），从需求、供给政策，以及行业政策和金融工具应用上通过制定新的环保标准来推动生态创新[243]。

结合欧盟环境规制发展历程和区域大气治理的实践，几点经验值得我国借鉴：

（1）完备的法律体系和严格的执行保障。环境治理的有效性要求实施机制不断优化，而后者则是基于逐步完善的法律体系，欧盟环境法律体系的完善主要表现在范围不断扩展，内容不断丰富，环保机构日益健全和机构权能逐步扩大，形成了一套多层次的较为全面的法律体系。为有助于环境政策的实施，欧盟还展开多层面的多种合作，有助于责任的到位。一方面是加强环境与其他领域的部门合作，另一方面是加强欧盟内部不同层面之间的合作。除了完备的环境法之外，欧盟还规定了严格的"环境罚"制度，给环境政策的落实创造了良好的条件。

（2）有效的环境规制工具和实施机制。欧盟环境治理机制经历了一个从命令控制型转向经济刺激型的过程，从 1993 年第五个环境行动规划开始，欧盟越来越多地使用经济手段，现已采用的经济手段主要有环境税、排污权交易、押金返还、环境补贴、环境标签、环境认证、信息披露和自愿协议。为确保环境治理的有效性，欧盟逐步发展了包括法律、市场机制和财政手段、金融支持以及其他措施在内的系统化实施工具，欧盟委员会还采取了财政支持、生态标签、生态管理与生态审计等手段。此外，欧盟对其环境治理的政策措施进行评估审查，并根据评估审查结果对其进行调整修改。

（3）多元主体互动合作的多层治理机制。欧盟环境政策的形成和实施是多层治理的过程，它强调参与主体和权威来源的多元化，通过多元行为体超国家、国家和次国家间的互动实现协调与合作，这改变了以往由上至下的单一向度，欧盟层次、国家层次和包括地方政府或当局及利益集团等在内的次国家层次之间的互动丰富了欧盟政策形成过程的参与主体，各领域的利益主体，超国家、国家和次国家各层次有了直接对话的平台，提高了政策形成和实施过程的民主化和有效性。此外，公众的环境知情权和信息权是一个不可忽视的方面，欧共体的第三个环境行动规划中就强调了要有意识地训练和培养公民的环保意识，欧盟通过不断提高决策过程的透明度和保证诉讼公开原则来提高环境政策实际决策过程中的公众参与度。

# 6.4　中国区域环境规制探索

改革开放以来，中央政府进行了一系列行政改革措施，调动了地方政府的积极性和主动性，促进了地方政府间的横向合作和区域经济联合。当前，中国地方政府间的横向合作机制正在蓬勃发展，一方面，中央政府基于先富带后富的区域发展战略，出面组织了地方政府之间的合作，如东、西部省份结对进行西部开发和经济援助等，另一方面，地方政府间为促进区域经济发展，形成各种各样的区域性合作机制。环境问题的跨区域性同样提出了地方政府之间合作治理的要求，长江三角洲、泛珠江三角洲、京津冀等地区围绕区域环境规制进行了富有成效的探索和实践。

## 6.4.1　长江三角洲区域环境规制探索

长江三角洲所在的江浙沪是中国最重要的跨行政经济区域之一，该区域自然条件优越，区位优势明显，经济基础良好，文化底蕴深厚，正成为我国新世纪经济增长的枢纽区域之一，其发展态势关系到中国未来的经济走势及其在世界的竞争力。然而，经济的高速增长却伴随着区域环境质量的下降，长江三角洲正面临着工业化发展之后的困境。加上长三角两省一市自然地理条件相仿、生态功能特征相似、资源环境问题相近，区域内"一江、一湖、一海"（长江、太湖、东海）以及纵横交错的水网将苏浙沪的生态环境牢牢嵌合为一个"唇齿相依"的整体，这些特点也使得该地区单一的污染事件极易扩散升级为区域环境问题。

近几年的监测数据显示，长江三角洲某些河段水体都受到了不同程度的污染，最典型的是 2007 年无锡的"蓝藻事件"；地下水取用和污染造成的环境问题同样突出，上海、苏锡常地区、杭嘉湖地区因地下水超采，形成大面积地下水位降落漏斗，破坏了区域性地下水采补平衡，危及地下水的可持续利用；长三角区域的酸雨污染也非常严重，苏南、上海和浙江都是酸雨的重污染区。此外，在城市快速扩张进程中，大量生态用地被挤占，许多生物的栖息地被破坏，生物多样性锐减、物种资源严重衰退。工业文明时代的生产经营方式使得长三角地区的资源和环境都难以承受，生态危机频发，长三角已成为人为的生态环境脆弱带。同时由于区域内各省（市）、城市经济发展步伐不一，各行政区所代表的利益诉求不同，生态保护和环境治理效率也不相同。

为了克服各自为政的弊端，协调区域内经济、社会和环境协调发展，长江三角洲各级政府进行了区域合作的探索。最早可以上溯到 1980 年，国务院发出《关于推动经济联合的暂行规定》，提出了"扬长避短、发挥优势，保护竞争，促进联合"的方针，旨在促进区域经济合作。1982 年 12 月，国务院发出成立上海经济区规划办公室的通知，决定上海经济区以上海为中心，包括苏州、无锡、南通和杭州、嘉兴、湖州、宁波（后来又增加绍兴等城市），这是长江三角洲地区城市政府合作体制创新的里程碑。1992 年 10 月，党的十四大不仅作出了建立社会主义市场经济体制的重大决策，而且提出要以上海浦东开发开放为龙头，带动长江三角洲和整个长江地区经济的新飞跃。此后，为推动长江三角洲地区经济联合和协作，促进长江三角洲地区经济可持续发展，1992 年由上海等 14 个市经委（办）发起、组织成立长江三角洲 14 城市协作办（委）主任联系会，1997 年经扩展成立新的协调组织——长江三角洲城市经济协调会。但是，这一时期各级地方政府官员的政绩考核指标仍然是以经济发展速度和经济总量的快速增长为主，长江三角洲地区各城市政府之间产业结构雷同、生产要素流动困难、区域贸易壁垒森严、招商引资恶性竞争、生态保护恶意倾轧、负面竞争对于正面合作的想象没有得到有效缓解[244]。

1995 年党的十四届五中全会通《中共中央关于制定国民经济和社会发展"九五"计划和 2010 年远景目标的建议》中明确提

出，要"按照市场经济规律和经济内在联系以及地理自然特点，突破行政区划界限，在已有经济布局的基础上，以中心城市和交通要道为依托，进一步形成若干个跨省（区、市）的经济区域，包括以上海为龙头的长江三角洲及沿江地区经济带"。在这种背景下，1997年长江三角洲城市经济协调会15个成员在扬州召开了第一次会议；2003年长江三角洲城市经济协调会第四次会议在南京举行，会议的主题为"世博经济与长三角经济合作"，会议第一次提出全面保护城市生态环境，制订区域生态建设和环境保护计划，保护长江和太湖生态环境，重点加强水资源保护，创造"世博会"召开的良好生态环境。2004年6月，江浙沪三地政府环保主管在杭州共同发表了国内第一份区域环境合作的宣言《长江三角洲区域环境合作宣言》。2004年11月，长江三角洲城市经济协调会第五次会议在上海召开，签署了《长江三角洲地区城市合作协议》，将原来城市经济协调会的常设机构由联络处升格为办公室，修订了城市经济协调会的章程，设立区域合作专项基金，同时设立了信息、规划、科技、产权、旅游和写作流向专题工作，这次会议的召开标志着长江三角洲地区政府合作体制创新又迈出了新的步伐。

2007年太湖蓝藻污染事件发生引发了对跨境环境污染的重视，2008年7月，长三角16个城市围绕港口安全和环保主题，共议对策措施。2008年8月，国务院常务会议审议通过《关于进一步推进长江三角洲地区改革开放和经济社会发展的指导意见》，会议强调推进长江三角洲地区改革开放和经济社会发展是一项系统工程。2008年12月，江浙沪又共同签订了《长江三角洲地区环境保护工作合作协议（2009-2010年）》，表明长三角分别在水体、发电厂、尾气等六大领域统一行动，开展污染治理合作。2009年4月召开的环境保护第一次合作会议，以及在共同开展太湖水污染治理、培育排污权交易市场等方面开展合作和尝试。2010年3月，长三角城市经济协调会第十次成长联席会议在浙江嘉兴召开，会议宣布长三角城市经济协调会的成员由此前的 16 和增加至 22 个，不仅吸收盐城、淮安、金华、衢州等 4 个城市为新会员，而且将泛长三角洲区域内的合肥、马鞍山安徽省的两个城市也纳入区域治理空间内。2010 年 6 月，国家发改委批复的《长江三角洲地区区域规划》首次提出了该规划"统筹两省一市发展，辐射泛长三角地区"。规划对加强生态建设与环境保护作出了规定，要加强饮用水源地保护，继续加强水污染防治，推进区域大气污染防治，开展区域生态环境补偿机制试点，建立健全泛长江三角洲地区合作机制。2013 年 4 月，《长三角城市环境保护合作（合肥）宣言》确定建立联防联治合作、区域联合执法、环境保护宣传教育合作、区域内重大环境事件通报等机制。2013 年 5 月，沪、苏、浙、皖环保部门签署了《长三角地区跨界环境污染事件应急联动工作方案》，通过建立跨界污染纠纷处置和应急联动工作机制，共同打击环境违法和生态破坏行为。长三角城市群正处于转型提升、创新发展的关键阶段。2016 年 5 月，国务院发布了《关于长江三角洲城市群发展规划的批复》，该《规划》提出要构建适应资源环境承载能力的空间格局依据资源环境承载能力，优化提升核心地区，培育发展潜力地区，促进国土集约高效开发，形成"一核五圈四带"网络化空间格局。长三角地区既是经济发达和人口密集地区，也是生态退化和环境污染严重地区。优化提升长三角城市群，必须坚持在保护中发展、在发展中保护，把生态环境建设放在突出重要位置，紧紧地抓住治理水污染、大气污染、土壤污染等关键领域，溯源倒逼、系统治理，带动区域生态环境质量全面改善，在治理污染、修复生态、建设宜居环境方面走在全国前列，为长三角率先发展提供新支撑。

　　然而，由于行政区划的刚性，长三角各地方政府的分割治理造成了区域环境治理的分裂，加上环境治理问题本身具有很强的外部性、公共性特征，以及长三角各地方政府自身的局限性，使得环境治理不可避免地陷入了某种困境。目前主要从在以下问题：一是地方政府在经济发展和环境保护执政理念上的冲突。在现行的政治体制下，地方政府官员追求政绩的需要更依赖于本地区经济发展得状况，实现地区利益是地方官员追求的基本目标，与地区环境保护而言，如何实现 GDP 的高速增长是地方政府政策取向和行为取向的基本着力点。这种压力体制下的地方政府往往不考虑生态污染问题，争相引进高税收但基本又是高能耗、高污染的项目，在苏北、浙南地区表现尤为明显。二是政府主导治理模式下的环境立法存在诸多局限。1978～2008 年，长三角各地政府制定的有关环境保护的地方性法规 41 项、地方性规章 48 项，相关政府机关发布的其他规范性法律文件 125 项，共计 214 项。这些法规规章约 80% 是在2000 年之后制定完成的，主要内容多集中在污染防治和市容环境卫生问题上，但由于环境资源具有强烈的外部性和公共性的特点，不可能被分割成为类似行政区划的单位，造成长三角区域环境保护的地方法规之间不可避免地存在冲突和矛盾，成为长三角区域生态环境有效治理的最大障碍（施丛美，2011[245]）。三是地区间竞争导致"集体行动"的尴尬。所谓集体行动的逻辑，指理性自利的成员无法自动产生集体行为，提供公产品。我国的环境保护工作一直采用以行政区域为主的管理体系，辖区负责制使各地区"各扫门前雪"，竭力考虑如何把本地区的环境压力降低到最低程度，而根本不会顾及对区外将造成什么影响[246]。由于行政区和生态区在空间上很难达到相互耦合，往往一个完整的生态区被不同数量的行政区单元所分割，在地方利益驱使和跨界区域协调机制失的情况下，区域生态治理主体难以具备一致行动的能力，也就非常容易形成"公共生态重灾区"。

## 6.4.2　泛珠三角区域环境保护合作

　　泛珠三角地区由福建、江西、湖南、广东、广西、海南、四川、贵州、云南九省（区）和香港、澳门两个特别行政区组成（简称"9＋2"），陆地面积约为 200.68 万平方公里，约占全国陆地面积的 1/5 以上，海域面积约 268.56 万平方公里，约占全国海域总面积的 2/3 以上。泛珠三角区域是我国经济最具活力的地区之一，政府对环保的重视程度和公众对环保的认知水平较高，广东、海南、四川、贵州、福建、江西等省相继投入了生态省建设，港澳地区由于经济发达程度较高，对环保的要求更高。

　　早于 20 世纪 80 年代，广东和香港已经就环境保护合作展开跨界交流，并于 1999 年成立"粤港持续发展于环境保护合作小组"，统筹两地在有关方面的工作。2005 年 1 月，泛珠三角区域各方在北京共同签署了《泛珠三角区域环境保护协议》。根据该"协议"，区域内各方将重点在以下几方面开展工作：一是生态环境保护合作。加强区域内各省区生态功能区划、环境保护规划的协调、衔接与合作，共同促进清洁生产，推动区域发展循环经济；共同推进重要生态功能区、重点资源开发区、生态环境良好地区特别是自然保护区的保护管理；推动建立流域生态环境利益共享机制和生物多样性保护协调机制。二是水环境保护合作。加强区域内水环境功能区划协调，建立流域上游、下游和海域环境联防联治的水环境管理机制；协调解决跨地区、跨流域重大环境问题；共同编制流域水环境保护规划。三是大气污染防治合作。共同探讨酸雨和二氧化硫污染区域防治途径，逐步降低区域内酸雨频率和降水酸度。四是环境监测合作。建立泛珠三角区域环境监测网络，加强区域内各省区环境监测工作的合作，及时、准确、完整地掌握区域环境质量及其变化趋势。五是环境信息和宣教合作。建立泛珠三角区域环境信息交互平台和环境宣教网络，强化环境宣教工作的区域联动。六是环境保护科技和产业合作。开展环境保护重大科研开发项目合作；在环境保护产业领域内的投融资、市场拓展、技术配合、环境保护技术应用等多个层面开展广泛合作；建立合作协调机制，推动合作事项的落实。随后通过的《泛珠三角区域合作发展规划纲要 2006 – 2020 年》又进一步提出："全面启动环境保护的全方位合作，建立跨界污染协调机制、跨界污染事故应急处理机制，跨行政区交界断面水质达到国家标准交接管理、水环境安全保障和预警机制。建立泛珠三角区域水环境监测网络和环境数据管理平台，协同推进包括自然保护区和生态保护建设项目、流域的综合治理项目和循环经济试点项目，实现环境、经济与社会全面、协调、可持续发展"。紧接着审议通过的《泛珠三角区域环境保护合作专项规划（2005 – 2010 年)》，分析了区域环境现状与挑战，明确了指导思想、合作原则和目标，提出了主要合作任务和相应的保障措施。

自启动以来，已在珠江流域水污染防治"十一五"规划、区域环境监测与数据共享、区域环保产业技术交流等方面获得了许多突破，并且通过了《泛珠三角区域跨界环境污染纠纷行政处理办法》。泛珠三角地区环境合作的协调机制由三方面构成：一是合作联席会议。每年举行一次会议，由"9 + 2"各省（区）环保部门轮流主持，研究决定区域环保合作大事。联席会议常设秘书处（秘书处办公室设在广东省环保局）负责具体工作。二是专题工作小组。成立了水环境保护、环境监测、环境保护宣教等专题工作小组和环保产业合作委员会，开展具体的专项合作工作。三是环境保护工作交流和情况通报制度。定期通报和交流各省区环境保护工作情况；定期组织各种形式的环境保护区域论坛、研讨会，开展环境管理、污染防治、生态环境保护、环境科技等方面的交流。此外，省之间建立环境信息通报制度以及建立审批提前介入机制与环境污染联合督察和边界水质联合监测机制。但继续深化合作也面临着巨大的挑战，有研究认为主要的障碍体现在两方面：一是经济发展的不平衡导致环境目标的差异，珠江下游发达地区对环境的日益关注和上游欠发达地区对经济发展需求之间的矛盾日益突出；二是制度的冲突增加了合作的难度，体现在港澳地区与内地之间环境法律规范及环境标准冲突、法律高级规范冲突、法律文化冲突等方面[247]。

2016 年 3 月，国务院发布了《关于深化泛珠三角区域合作的指导意见》，指出要按照"五位一体"总体布局和"四个全面"战略布局，牢固树立和贯彻落实创新、协调、绿色、开放、共享的发展理念，坚持合作发展、互利共赢主题，着力深化改革、扩大开放，进一步完善合作发展机制，加快建立更加公平开放的市场体系，推动珠江—西江经济带和跨省区重大合作平台建设，促进内地九省区一体化发展，深化与港澳更紧密合作，构建经济繁荣、社会和谐、生态良好的泛珠三角区域。在协同推进生态文明建设方面，该意见强调加强跨省区流域水资源水环境保护和大气污染综合治理，强化区域生态保护和修复，健全生态环境协同保护和治理机制。在具体实施方面，指出要编制泛珠三角区域生态环境保护规划。建立污染联防联治工作机制和环境质量预报预警合作机制，推动环境执法协作、信息共享与应急联动。支持泛珠三角区域内九省区推进碳排放权、排污权管理和交易制度，共同设立泛珠三角区域生态环境保护合作基金，加大对生态环境突出问题的联合治理力度。建立跨省区流域生态保护补偿机制，研究建立地方投入为主、中央财政给予适当引导的资金投入机制，支持开展东江、西江、北江、汀江—韩江、九洲江等流域补偿试点。

## 6.4.3　京津冀大气污染联防联控机制探索

近年来，随着华北地区气候条件的改变和生态环境的污染，京津冀地区的土壤、水体、大气环境污染问题日益突出，空气质量的日趋恶化，特别是大气污染呈现出地区污染抱团的趋势，雾霾天气出现的频率不断提高。京津冀地区的土壤、水体、大气环境"复合型"污染已经超越了局部性污染阶段，呈现出区域污染快速蔓延的特点。虽然京津冀地方政府，依据有关法律、规定和文件精神，从本省的实际出发，已开展了省界内的生态环境治理和保护工作，使得本地区的生态环境污染治理收到了一定成效。但是，由于生态环境治理工作是一项系统工程，需要地区政府之间相互配合、相互协作，齐抓共管才能达到预期目的。

2008 年，为了保障北京奥运会期间的大气环境质量，河北省、天津市和北京市分别成立了以省（市）主要领导为组长的空气质量保障工作领导小组或协调小组，共同自定了《第 29 届奥运会北京空气质量保障措施》，对奥运空气质量保障工作进行协调部署，并投入大量资金，治理大气环境。天津市还将中石油、中石化、国家电网公司等与大气环境质量保障有关的企业领导请进"协调小组"，并向他们下达了治理任务和目标，打破了以往由环保局长领任务，再由环保系统传达的局面，减少了协调环节，提高了能力和效率。通过北京及周边各省（市）的共同努力，奥运会期间，北京市空气质量达标率为100%，二氧化硫、可吸入颗粒物、二氧化氮等各项污染物浓度日平均较去年同期下降50%，达到世界发达城市水，成功兑现承诺。然而，奥运会过后，京津冀、长三角、珠三角等城市群空气质量出现了反弹。

2010 年 5 月环境保护部等九部委共同制定的《关于推进大气

污染联防联控工作改善区域空气质量的指导意见》明确指出开展大气污染联防联控工作的重点区域是京津冀等地区，要以增强区域环境保护合力为主线，以全面削减大气污染物排放为手段，建立统一规划、统一监测、统一监管、统一评估、统一协调的区域大气污染联防联控工作机制，扎实做好大气污染防治工作。2012 年 12 月发布的《重点区域大气污染防治"十二五"规划》，以空气流域理论为划分依据的基础上，综合考虑经济、行政管理的特点而确立"十二五"期间大气污染重点区域亦即"三区十群"，即京津冀、长三角、珠三角区域和辽宁中部、山东、武汉及其周边、长株潭、成渝、海峡西岸、山西中北部、陕西关中、甘宁、乌鲁木齐城市群。2013 年 6 月出台的大气污染防治"国十条"，明确建立环渤海包括京津冀、长三角、珠三角等区域联防联控机制，加强人口密集地区和重点大城市 PM2.5 治理，构建对各省（区、市）的大气环境整治目标责任考核体系。

2013 年持续大规模雾霾污染中国东部地区，环境保护部发布的《2013 年重点区域和 74 个城市空气质量状况》，京津冀地区空气污染最为严重。其中 13 个地级以及以上的城市中，有 7 个城市排在前 10 位，有 11 个城市排在污染最重的前 20 位，部分城市空气重度及以上污染天数占全年天数的 40% 左右。严重的雾霾污染倒逼京津冀地区政府加快形成共识，2013 年 9 月签署京津冀地区合作框架协议，并建立协作小组、确立小组工作规则，发布《京津冀及周边地区落实大气污染防治行动计划实施细则》，初步建成区域空气质量监测网络并制定空气重污染应急预案。2013 年，中央财政安排 50 亿元资金，全部用于京津冀及周边地区大气污染治理工作，具体包括京、津、冀、蒙、晋、鲁等 6 个省份，并重点向治理任务重的河北省倾斜。此项资金将以"以奖代补"的方式，按上述地区预期污染物减排量、污染治理投入、PM2.5 浓度下降比例 3 项因素来进行分配。2014年,京津冀合作治理大气污染已经在向统一规划、统一监管领域继续推进[248]。京津冀及周边地区将逐渐统一区域油品标准和车辆环保标识,方便车辆跨省市流动行驶时统一监管。此外,京津冀三地还将共同应对区域大范围空气重污染,统筹编制空气达标规划。同时,设立"大气污染综合治理协调处",主要负责"京津冀及周边地区大气污染防治协作小组办公室"的文电、会务、信息等日常运转工作。经过各方共同努力,2014年APAC会期期间,北京地区呈现出"APAC蓝",取得了国内外的一致好评。环境保护部发布2014年重点区域和74个城市空气质量状况,京津冀地区13个地级及以上城市,空气质量平均达标天数为156天,比74个城市平均达标天数少85天,达标天数比例在21.9% ~ 86.4%,平均为42.8%,与2013年相比,平均达标天数比例上升5.3个百分点,但空气质量相对较差的前10位城市中保定、邢台、石家庄、唐山、邯郸、衡水、廊坊等7个仍列其中。

2015年3月23日,中央财经领导小组第九次会议审议研究了《京津冀协同发展规划纲要》。中共中央政治局2015年4月30日召开会议,审议通过《京津冀协同发展规划纲要》。该纲要指出京津冀协同发展的目标是:近期到2017年,有序疏解北京非首都功能取得明显进展,在符合协同发展目标且现实急需、具备条件、取得共识的交通一体化、生态环境保护、产业升级转移等重点领域率先取得突破,深化改革、创新驱动、试点示范有序推进,协同发展取得显著成效。中期到2020年,北京市常住人口控制在2300万人以内,北京"大城市病"等突出问题得到缓解;区域一体化交通网络基本形成,生态环境质量得到有效改善,产业联动发展取得重大进展。公共服务共建共享取得积极成效,协同发展机制有效运转,区域内发展差距趋于缩小,初步形成京津冀协同发展、互利共赢新局面。远期到2030年,首都核心功能更加优化,京津冀区域一体化格局基本形成，区域经济结构更加合理，生态环境质量总体良好，公共服务水平趋于均衡，成为具有较强国际竞争力和影响力的重要区域，在引领和支撑全国经济社会发展中发挥更大作用。在生态环境保护方面，纲要明确重点是联防联控环境污染，建立一体化的环境准入和退出机制，加强环境污染治理，实施清洁水行动，大力发展循环经济，推进生态保护与建设，谋划建设一批环首都国家公园和森林公园，积极应对气候变化。2015 年 11 月底，京津冀三地环保厅局签署了《京津冀区域环境保护率先突破合作框架协议》，明确以大气、水、土壤污染防治为重点，以联合立法、统一规划、统一标准、统一监测、协同治污等 10 个方面为突破口，联防联控，共同改善区域生态环境质量。该协议的签署，意味着三地在贯彻落实《京津冀协同发展规划纲要》精神，加快推进生态环保领域率先突破，共同打造京津冀生态修复环境改善示范区方面又迈出了实质性的一步。协议明确了未来京津冀三地将率先从十项重点工作实现突破。在环境保护部领导下，三地将共同编制《京津冀区域环境污染防治条例》，实现联合立法；以国家《京津冀协同发展生态环保规划》为统领，共同制定大气、水、土壤和固废领域的专项规划，统筹区域污染治理；统一标准，建立区域协同的污染物排放标准体系，逐步统一区域环境准入门槛；在国家统一的大气、水、土壤环境质量监测和污染源监测技术规范的指导下，共同研究确定统一的监测质量管理体系，共同构建区域生态环境监测网络；建立三省（市）环境信息共享平台，共享环境质量、污染排放以及污染治理技术、政策等信息；针对区域共性污染问题，协同开展大气、水、土壤污染治理，共同实施生态建设。此外，三地还将针对跨区域、跨流域的环境污染以及秸秆焚烧、煤炭、油品质量等区域性环境问题，集中时间，开展联动执法，共同打击违法排污行为；针对跨区域的环境污染事件以及区域性、大范围的空气重污染，建立预警会商和应急联动工作机制；针对可能对区域大气环境、水环境产生重大影响的重点行业规划、园区建设规划和重大工程项目实施环评会商等。

京津冀地区现在的区域大气污染联防联控机制毕竟处于探索和尝试阶段，存在诸多不完善之处。具体表现在：其一，我国现行大气治理模式滞后。长期以来对大气污染的治理以行政区划为主，尽管这种属地模式有助于地方有针对性的防控区划内大气污染，但在处理区域性、复合型大气污染时缺乏整体性规划。其二，政策信息共享机制不完善。一方面，缺乏相应法律法规的支撑；另一方面，在整个区域，缺乏更加全面的一网监测系统。监测点位仍显不足，区域环境空气质量监测指标仍然不健全，横向上京津冀三地之间的数据实时共享系统仍处于探索阶段。其三，损益补偿机制的缺乏。利益在区域政府间大气治理政策协调机制逻辑构造中，处于核心地位，利益既是地方政府进行政策协调的驱动力，也是地方政府进行政策协调的目的。然而，现实中京津冀三地政府并没有建立起相应的大气治理损益补偿机制，因而，各地治理大气污染的积极性较低，尤其是经济发展相对落后的河北省[249]。

## 6.5  中国区域环境规制合作机制构建

随着当代中国市场经济体系的逐步完善和国家治理结构的进一步调整，地方政府的自主性不断加强。在提供公共服务的财政压力和政绩需求的驱动下，地方政府发展地方经济的积极性和主动性空前提高，地区之间的交流也越来越频繁。但由于体制转轨时期制度供给的落后，地方政府的横向协作关系还相当薄弱，相反，地方保护主义导致的各地区之间无序竞争愈演愈烈。这种趋势导致了地方政府在跨区域环境规制中经常陷入"集体行动"的困境，对国民经济和社会发展造成了一定的负面影响，因此，探索一条有效的跨区域环境合作之路，建立高效的地方政府跨区域环境合作机制迫在眉睫。

## 6.5.1　当前区域环境规制的困境

随着跨区域环境问题的日益严重，如何加强跨区域的环境规制、实现区域间的环境公平成为政府和社会关注的热点。目前，地方政府在跨区域环境规制合作中主要面临以下问题：

（1）区域发展不平衡导致的地方保护主义门槛难以突破。在我国从计划经济向市场经济转型的长期过程中，各地地方政府存在许多地方保护主义现象，即为了维护本地区的利益而不顾甚至损害全局利益或其他地方利益[250]。以京津冀地区为例，2012 年北京已经进入后工业化时期，天津处于工业化后期，而河北省工业化进程正处于中期阶段，对自然资源的依赖正处于最高阶段，伴随而来的环境污染也处于高发阶段，而且河北省本身的产业结构对应的污染也比较严重。河北省作为相对欠发达的地区，企业环境准入标准和执行力度，与京津地区存在很大的差异，因此三省市经济发展的战略、环境规制的理念不尽相同，不可避免地存在地方主义。

（2）现行环境管理体制管辖下各自为政的环境规制机制。就管理体制而言，我国环境管理除了由统管部门对辖区内的环境保护实施综合管理外，还有许多分管部门。统管部门是指国务院生态环境保护行政主管部门（即国家环保局）和地方县级以上人民政府的环境主管部门，它们之间是隶属关系。分管部门是指依法分管某一类污染源防治或者某一类自然资源环境保护的部门。统管部门和分管部门不存在行政上的隶属关系。地方政府和地方环保局之间是一种行政隶属关系，地方环保局长由本政府提名，本级人大或者人大常委会任命，地方环保局的经费也统一由地方政府拨付，而国家环保部对各地环保部门只有业务指导的关系。所以地方环保部门在地方政府的掣肘和控制之下，与国家环保部门通常会选择不合作的策略，导致具体环保工作难以有效开展。另一方面，不同行政区的经济发展水平不一，产业结构不尽相同，环境污染的构成也不相同，与之相应的环境标准、治理手段、执行力度也会出现差异。此外，各自为政的规制模式加大了环境污染的治理成本。就京津冀地区而言，北京最严重的污染源是汽车尾气，治理措施侧重于责令企业停工停产、机动车限行等手段为特征的应急型治理，天津主要是化工工业排放，在应急型基础上加入控源型治理，而河北主要是燃煤，主要是采取多部门的联合行动、整治整改为特征的运动式治理[251]。

（3）松散的区域合作规制机构导致效率低下。目前，我国区域环境规制管理机构的创设有两种模式：一是纵向的区域合作规制模式，主要是中央政府主导地方政府间合作模式，如京津冀区域联动应对大气污染；二是横向的区域合作规制模式，如泛珠三角区域合作模式。纵向模式主要依赖于行政命令、自上而下的单向规制，实施中仍然是以各省市为主的"碎片化"松散规制，如京津冀地区成立了大气治理协作小组，其成员包括国家发改委、环境保护部、中国气象局和京津冀三省市等单位，并在北京市环保局下设"大气污染综合治理协调处"，负责区域大气污染防治协作日常运转工作，考虑到联络机构的级别和协调能力，具体运行必然存在诸多困难。横向的模式由于政府间协议多采用宣言等形式，没有相应强制性的执行规定，导致区域合作规制比较松散，如泛珠三角区域环境合作机制是采用自愿原则的形式，对各参与地区政府没有约束性规定。

## 6.5.2　构建有效的地方政府间环境规制合作机制

（1）建立"共同但有区别的"环境责任分配机制。我国在制定国家统一环境规划时，可以借鉴美国和欧盟的经验，打破传统行政区划界线，按照经济规模、人口规模、污染物分布等因素，在国家主体功能区规划的基础上，按环境污染现状划分更小的环境治理单元，并重点在环境质量目标和达标时限上制定差别化的区域环境规制规划。在考虑不同环境责任的分配时，实施共同但有区别的责任分配原则，既要在不同发展程度的区域之间，也体现在不同行业方面，既要在统筹考虑历史责任与现实责任的基础之上对不同的责任主体进行合理的责任分配，又要结合行政区域及区域内产业的特点对区域内的生态系统和产业链进行统一但有区别的规划，做到污染物排放总量大的行业和地区应当承担区域污染主要的减排责任[252]。

（2）建立激励与约束并举的环境规制动力机制。区域环境污染的治理须改变行政命令、政治动员式的突击治理模式，同时要建立和完善相应的激励机制来配合行政问责等约束机制，实现区域间的包容发展而不是排他发展。为促进地方政府执行环境规制，中央政府对地方政府的环境规制执行、环境污染减排情况进行考核，若地方政府不执行环境规制或环境污染减排不达标，应受到中央政府的惩罚；若地方政府有效执行环境规制政策，完成污染减排目标，应当得到中央政府的奖励；只有在约束机制下，区域内各地方政府才会选择执行中央政府的环境规制政策。

（3）建立区域环境污染联防联控的合作协调机制。欧美及我国奥运会、世博会、APEC 会议等成功经验表明，环境污染区域合作治理特别是联防联控机制已成为解决区域性污染的有效措施，要将国外联防联控环境监管模式本土化,将我国联防联控个案在全国范围逐步推广[253]。对于我国现行的环境治理联防联控机制在操作层面进一步完善:

首先,在保障机制上要建立健全环境治理联防联控的法律制度。我国新修订的《环境保护法》再一次明确规定了国家建立跨行政区域的重点区域、流域环境污染联合防治协调机制和防治措施,这是对区域环境污染联防联控的方向性指引,但没有明确实施联防联控的组织机构、运行机制,也没有明确地方政府间协议的法律地位和效力,因此要进一步完善联防联控的相关法律制度,实现国家治理框架下防治区域环境污染的法治保障。其次,在组织架构上完善自上而下的联防联控环境监管机构。需要明确区域环境联防联控机构的法律地位,对组成机构、人员构成、运行机制进行明确规定。最后,在实现机制上要健全区域环境规划、信息沟通、法律制定和监督等协同控制制度。区域污染治理联防联控机制的实现,需要在中央政府主导下,在达成共识的基础上共同制定区域环境目标规划;借鉴国家环保部重点区域环境空气质量形势预报的成功经验,建立整体性的区域环境质量信息监测系统,定期公开发布监测数据,并形成定期沟通协调的长效机制;通过主管部门、协调机构、社会公众等多层面监督实现真正意义上的合作治理;建立统一监测、监管、评估、预警联动、联合执法等工作规范,确保联防联控工作切实有效的开展。

# 6.6 本章小结

地方政府在选择环境规制政策和执行力度时,并不是在相对封闭的环境中独立地进行决策,而是基于其他地方政府环境规制决策的反应。只有在约束机制下，区域内各地方政府选择执行中央政府的环境规制政策，才会成为纳什均衡结果。本章基于地方政府环境规制决策的博弈分析，以地方政府效用最大化为前提得到地区环境规制的反应函数，从地方政府、居民、企业三大主体的行为分析出发，构建了地方政府环境规制决策的基本模型，并采用了空间Durbin 模型对这一策略互动问题进行了空间计量分析，探讨了我国省际环境规制决策的影响机制。研究结果显示我国地方政府间存在着以环境规制为手段的竞争，并且地方政府与周边与之存在竞争关系的地方政府主要采用相互攀比式的雷同化策略而非基于错位竞争的差别化策略。就影响因素而言，地方政府财政赤字、地区平均工资水平、产业结构对本地区环境规制强度存在显著的正向影响，而相对资本密集度和失业率对本地区环境规制强度则有显著的负向影响。周边地区的地方政府、企业和居民的行为选择对本地区地方政府环境规制决策产生显著的影响，基于"搭便车"动机选择相对于周边地区更低的环境规制强度体现得最为明显。

为了避免环境规制竞争的"竞相到底"现象发生，本书在总结了美国南加州海岸空气质量管理和臭氧污染区管理的成功实践以及欧盟区域环境规制的经验，梳理了我国长江三角洲、泛珠江三角洲和京津冀地区环境合作治理的探索，发现地方政府在跨区域环境规制合作中主要面的问题是区域发展不平衡导致的地方保护主义门槛难以突破，现行环境管理体制管辖下各自为政以及松散的区域合作规制机构导致低效率的环境规制，因此要通过建立"共同但有区别的"环境责任分配机制、激励与约束并举的环境规制动力机制、区域环境污染联防联控的合作协调机制，构建有效的地方政府间环境规制合作机制。

# 第 7 章

# 结论与启示

　　建设生态文明是关系人民福祉，关系民族未来的大计，也是实现中华民族伟大复兴的重要内容。20 世纪 80 年代初，我国就把保护环境作为基本国策。进入 21 世纪，我国大力推进环境保护，建设生态文明，取得了显著的成绩。但是，我国环境状况总体恶化的趋势并没有得到根本性的遏制，环境矛盾日益严重，突发环境事件频发，环境问题已成为威胁人体健康、公共安全和社会稳定的重要因素之一。同时区域间环境质量水平不一，省际环境规制政策制定和执行差异较大，政府环境绩效与发达国家相比有很大的差距。因此，进一步研究当前环境污染的现状和发展态势，制定确实可行的环境规制政策迫在眉睫。

## 7.1　主要研究结论

　　本书立足于当前我国省际环境污染和环境规制的空间差异，就环境规制对环境污染的影响进行了深入探讨，并对地方政府的环境规制决策进行了理论和实证研究。本书回顾了环境污染与环境规制的相关理论研究，分析了我国水、大气和固体废物污染的变化趋势以及地区演进，基于环境污染综合指数的测算探讨了省际环境污染的空间聚集以及动态变迁。其次，从我国环境规制政策的演进出发，测算省际环境规制强度指数，探讨省际环境规制的空间关系。在此基础上，运用空间滞后模型和空间误差模型就环境规制对环境污染的影响进行了空间计量检验。最后，基于地方政府环境规制的决策博弈，运用空间 Durbin 模型对地方政府环境规制决策策略互动问题进行空间计量分析，探讨了我国省际环境规制决策的影响机制，并就如何构建区域环境规制的合作机制进行了讨论。通过以上理论分析和实证研究，得出了以下结论：

（1）我国环境污染状况存在空间集聚现象，而且环境污染的空间依赖性逐年加强。就中国环境污染与经济发展之间的关系，本书运用非参数方法对工业"三废"与人均地区生产总值的关系进行回归，结果显示工业"三废"与人均地区生产总值之间的确呈现出一定的 EKC 趋势。从地区环境污染的现状及演进来看，我国水污染排放除在少数省份有所缓解外，整体上呈上升趋势，而且水污染排放由低排放量的收敛向高排放量的发散演化，排放水平较高的省份主要集中在东部沿海地区和中部地区，从人均排放量的空间分布来看，东部沿海地区水污染相对严重的特点表现得更为突出。无论是对于总量指标还是人均指标，大气污染在空间分布上均呈现出由收敛到发散的态势，且整体上呈现出恶化的趋势。大气污染较高的省份主要集中在环渤海及其周边地区。就固体废物而言，绝大多数省份的产生总量和人均产生量都显著增加，其中北方地区为固废污染最严重的区域。

采用因子分析法，本书测算了 2000～2013 年我国 31 个省份的环境污染综合指数，并得到各年的省际环境污染综合排名情况，从2000 年与 2013 年省际环境污染综合排名的变化来看，上海、湖北、湖南、广西、重庆、四川、陕西等七省市的环境污染情况得到有效的改善，而内蒙古、云南、新疆等省份的环境污染相对恶化趋势明显。从2013年各省份的横向比较来看，环境质量较好的省份主要有两类区域，一类为北京、天津、上海等直辖市；另一类为西藏、海南、宁夏、青海等省区；而工业在国民经济中的比重较大、资源能源型产业较发达的省份如河北、山西、内蒙古、辽宁，山东、江苏等的环境污染问题则更为突出。

就空间分布而言，我国环境污染存在明显的空间集聚现象，而且环境污染的空间依赖性逐步加强。就空间关系而言，各省份环境污染状况与邻近省份的相对关系呈现出"高—高""低—低""高—低""低—高"四种不同的模式，而且不同模式之间会出现转换。就空间跃迁而言，环境污染严重的聚集区呈现出向北部收缩和向东部延伸的趋势，而环境污染相对较轻的聚集区，从原来西北地区的省份扩展至西南地区及中部地区的南部省份。

（2）我国省际环境规制强度在空间分布上具有显著的正相关性，而且近年来省际环境规制强度的空间集聚现象进一步加强。运用因子分析法测度了环境规制强度综合指数并进行排名，结果显示北京等七省市的环境规制强度显著的提升，而河北等七省市的环境规制强度相对下降。从各省份的横向比较来看，北京等经济发达省份的环境规制强度较高，而贵州等西部欠发达省份的环境规制强度则较低，各省份的环境规制强度水平在空间上存在一定的关联性。

通过全局空间自相关检验，发现我国环境规制强度在空间分布上具有显著的正相关性；采用局部空间关联指标对我国省际环境规制强度的空间聚集形态进行了分析，讨论了各省份与邻近省份的相对关系，得到"低—低、高—高"省份的比例显著大于"低—高、高—低"的省份，表明我国环境规制强度存在显著的空间依赖性。就环境规制强度的动态跃迁而言，环境规制强度的高值聚集区呈现出从我国东部沿海地区向中部内陆地区进一步扩展的趋势，而环境规制强度的低值聚集区，则仍主要集中在西部地区，但是各省份之间也出现了显著的分化。

（3）我国省际环境规制强度的增加将显著降低环境污染水平，且纳入空间相关性的作用效果比未纳入空间因素的回归结果小，因此存在省际在环境问题的相互影响对我国环境规制整体效果的消减作用。

环境规制与环境污染在我国空间分布上均存在较为明显的路径依赖特征，而且形成了不同的集聚区域。从空间分布来看，环境规制强度的高值集聚区对应环境污染程度较低的省份，而环境规制强度的低值集聚区则对应环境污染较严重的省份。采用 2000 ~ 2013 年我国 31 个省（市、区）的样本，进行的空间经济计量分析结果显示我国省际环境污染存在显著空间"溢出效应"，各省份环境污染表现出"局域俱乐部集团"的特点。同时，我国省际环境问题不仅受到周边邻近省份环境污染的影响，而且还受到区域间结构性差异的冲击，这种结构性差异主要体现在各省份经济增长水平、环境规制强度、产业结构、城镇化进程、对外开放程度、技术进步等影响因素之间存在的空间差异。我国省际环境规制强度的增加将显著降低环境污染水平，且纳入空间相关性的降低幅度比未纳入的偏小，因此存在省际在环境规制方面的相互竞争对我国环境规制整体效果的消极影响。就其他影响因素而言，经济发展水平与环境污染呈显著的倒"U"型关系，工业化进程还会加剧环境污染，而城镇化进程的推进以及科技进步与创新有助于环境污染的缓解，对外开放程度对环境污染不存在明显的作用。

（4）我国地方政府间存在着以环境规制为手段的竞争，并且地方政府与周边与之存在竞争关系的地方政府主要采用相互攀比式的雷同化策略而非基于错位竞争的差别化策略。

地方政府环境规制行为选择的最终目标是地方政府效用的最大化，一般而言，地区环境规制政策涉及企业、居民和地方政府三大主体，由于环境污染的强外部性以及生产要素的跨区域流动，各地方政府环境规制的决策相互影响，从而形成环境规制的博弈。在没有约束机制条件下，各地区地方政府很容易陷入都选择不执行环境规制的"囚徒困境"，造成整体环境质量的恶化。为促进地方政府执行环境规制，中央政府对地方政府的环境规制执行、环境污染减排情况进行监察，并对不执行环境规制或环境污染减排不达标进行惩罚，在这种约束机制下，各地区地方政府最终选择执行环境规制政策的纳什均衡结果更容易达到。

从地区环境规制博弈的分析可以看到，我国省际环境规制竞争存在策略性行为，一个地区的环境规制决策必然是其周边地区与其存在竞争关系的地方政府决策的反应函数。通过空间 Durbin 模型的回归结果可以发现，环境污染治理投入水平和环境监管力度的空间相关性系数 ρ 值均显著为正，说明省际环境规制策略的选择存在空间上的聚集，从地方政府环境规制的竞争形态来看，主要采取"竞相向上"或"竞相到底"策略，即倾向于采取与周边邻近地区相同的环境规制策略，呈现相互攀比式的趋同化趋势而非差别化竞争策略。就影响地方政府环境规制决策的因素而言，地方政府财政赤字、地区平均工资水平、产业结构对本地区环境规制强度存在显著的正向影响，即财政赤字越大，地方政府参与环境治理的能力越强，环境规制强度越大；当地收入水平越高，地方政府越倾向于更为严格的环境规制；第二产业比重越高，环境规制强度越大。相对资本密集度和失业率对本地区环境规制强度则有显著的负向影响，即地方政府若以吸引投资、解决就业为首要任务，则倾向于降低环境规制强度，通过牺牲环境获得经济增长。周边地区的地方政府、企业和居民的行为选择对本地区地方政府环境规制决策也产生显著的影响，基于"搭便车"动机选择相对于周边地区更低的环境规制强度体现得最为明显。

## 7.2　政策启示及建议

良好的生态环境是人和社会持续发展的根本基础，环境质量是制约我国全面建设小康社会的重要因素。因此，遏制环境恶化趋势，切实维护公众的环境权益，必须加强环境规制强度，建立有效的区域环境规制合作机制，本书有以下几点启示和建议：

（1）合理划分中央和地方政府权限，强化地方政府环境保护责任。

环境保护是现代国家治理的重要内容，也是中央和地方政府的基本公共职能。我国的环境治理需要中央政府和地方政府共同作用才能得以正常实施，从中央的角度看，任何地区的环境改善都意味着国家整体环境质量的提高，因此中央政府强调全局的经济、社会发展与环境的协调。相对于中央政府，地方政府在发展与环境的目标上更看重于局部、眼前的利益，在环境规制政策实施上，存在着讨价还价和阳奉阴违的倾向。因此，要改变以往主要依靠政府和部门单打独斗的传统方式，逐步形成各级政府对环境质量负责，企业、公民、社会组织和新闻媒体共同参与、舆论监督的良好局面。加强国家环境保护主管部门对地方环境保护部门的监督和指导，合理划分中央和地方在管理环境事务中的权利，加大环保系统干部的双重管理力度，形成中央和地方在环境保护中的合作关系，提高国家对地方的环境保护的调控效率。

强化地方政府的环境保护责任表现在以下几方面：一是要确立地方行政负责人环境总负责制，将环境保护目标纳入地方政府和领导干部的任期责任内容。二是要健全各职能部门环境保护工作负责制度，将各级政府和职能部门在区域宏观综合决策、自然资源开发和产业布局、招商引资等工作中的环境责任纳入其中。三是完善环境保护工作奖惩制度。新《环境保护法》第十一条规定对保护和改善环境有显著成绩的单位和个人，由人民政府给予奖励。中央对地方政府已经实施了部分奖励制度，如2014年环保部下达资金2亿元，奖励兰州大气污染防治，应继续完善对地方政府环境规制的奖励制度，同时制定对地方政府和部门的处罚制度。四是完善环境责任追究制度，对在环境保护中失职、渎职的责任人追究其监督管理责任。新《环境保护法》一方面授予对各级政府、环保部门强有力的环境监管权力，也规定了对环保部门和管理人员的责任追究机制。这些制度的落实，需要进一步明确环境执法监督机构的执法地位，科学界定环境执法人员执行权限，逐步整合优化环境执法资源，实现审批权、行政许可权与执法监督权的相对分离，同时要形成协调有序的内部执法监督体系。

（2）实行分类管理的区域环境政策和各有侧重的绩效评价。

要按照各地区的资源禀赋、经济水平、产业结构、工业化进程、对外开放程度、科技水平等不同特点，结合环境污染的现状和空间布局，实施分类管理的区域环境政策。对不同地区实行不同的污染物排放总量控制，以及总量控制和质量控制相结合的模式，并以要素为切入点推进区域层面的环境质量改善工作。严格执行国家主体功能区规划，明确鼓励、限制和禁止类的产业类型划分，坚决杜绝经济较为发达的省份将淘汰的落后污染产业转移到中西部地区经济相对落后的省份。中央财政要逐年加大对重点生态功能区所在省份的转移支付力度，增强基本公共服务和环境保护能力。

完善经济社会发展评价体系，实行各有侧重的环境规制绩效评价。在现有基础上，完善包括经济社会和生态环境在内的评价指标体系，对各省市区和环境污染的重点区域实施双重考核，实现经济

效益、社会效益和环境效益的有机统一。将以下指标作为环境指标
纳入经济社会综合评价体系：一是环境规制投入的指标。包括政府
环保投入，全社会环保投入等。二是环境规制产出指标。包括单位
国内生产总值的污染物排放总量等指标。三是反映地区突出环境问
题的指标。包括空气质量良好的天数、城镇生活污水处理率、工业
固体废物综合利用率、重金属污染物排放控制水平、重大环境事件
发生件数等。四是反映公众参与环保和满意度的指标等。同时，按
照不同区域的主体功能定位，实行差别化的环境评价体系，对优化
开发的地区，继续强化环境保护的评价，对重点开发的城市地区，
综合评价节能减排和环境保护，对重点生态功能区和限制开发的农
产品主产区，实行环境保护优先的绩效评价，不考核地区生产总
值、工业发展等指标，最终将这些指标的结果作为地方绩效考核、
地方领导干部选拔任用的重要依据，实行严格的问责制度。

（3）坚持"共同但有区别的"环境责任分配原则，建立有效
的地方政府间环境规制合作机制。

欧美等发达国家区域环境规制合作的经验及我国奥运会、世博
会、APEC 会议期间环境污染合作治理的实践经验表明，联防联控
是解决区域性环境污染的根本途径和有效措施。新《环境保护法》
明确规定，国家建立跨行政区域的重点区域、流域环境污染和生态
破坏联合防治协调机制，为建立跨区域环境污染联防联控制度提供
了依据。首先，要确立"共同但有区别"的环境保护责任分配机
制，在分配责任上要充分考虑区域生态环境承载能力，不同地区的
发展水平和产业结构、历史排放和现实责任、自然生态和产业布局
的差异，科学的制定区域内各地方政府环境保护责任；其次，要在
中央政府主导下，结合各地区地理区位、经济合作、环境质量和污
染特征等综合因素科学合理的划分联防联控的区域，并做好区域环
境统一规划，确定区域内环境质量目标、污染防治措施和重点治污

项目。再次，要进一步出台专门的环境污染联防联控法律法规，明确联防联控制度的组织建设、物质保障、补偿机制和责任机制。最后，要建立统一监测、统一监管、统一评估的联防联控的工作制度规范。加大各地区环境基础设施投入建设力度，统一区域内环境污染监测标准，及时提供和共享环境污染监测数据；建立区域内统一的环境监管标准，实施联合执法检查、交叉检查和日常监测相结合的监管制度；定期对区域内污染物排放总量、新增污染物排放量以及环境治理工作进行监督考核，对于未按时完成规划任务的区域和地方实施严格的环境质量绩效考核。

# 7.3 进一步研究展望

（1）环境污染动态跃迁的作用机理的研究。本书研究显示，环境污染严重的聚集区呈现出向北部收缩和向东部延伸的趋势，而环境污染较轻的聚集区，从原来的西北地区的省份扩展至西南地区及中部地区的南部省份。各省份与周边省份在环境污染水平的相对关系上的变化存在哪些规律性的特点，有哪些影响因素？今后，将对这种环境污染的动态跃迁现象的机理进一步展开研究。

（2）跨区域环境规制合作机制的实践追踪与经验总结。拟以长江三角洲和京津冀区为样本，对区域内各省（市）近年出台的具体环境规制政策进行实证调研，追踪这些环境规制政策本身的实施效果及对周边地区的影响效应，进一步深化区域环境规制合作的政策研究。

# 参 考 文 献

［1］王松霈. 我国的环境保护转型 ［J］. 中国地质大学学报，2011（9）：1-6.

［2］左玉辉. 环境学 ［M］. 北京：北京大学出版社，2012.

［3］［日］植草益，著. 微观规制经济学 ［M］. 朱绍文，译. 上海：上海人民出版社，1992.

［4］施蒂格勒. 产业组织与政府管制 ［M］. 潘振民，译. 上海：上海三联书店、上海人民出版，1996.

［5］赵玉民，朱方明，贺立龙. 环境规制的界定、分类与演进研究 ［J］. 中国人口·资源与环境，2009，19（6）：85-90.

［6］赵红. 美国环境管制政策分析及启示 ［J］. 管理现代化，2005（5）：17-18.

［7］张红风，张细松，等. 环境规制理论研究 ［M］. 北京：北京大学出版社，2012.

［8］张成. 基于S-C-P范式的中国环境规制问题研究 ［M］. 苏州：苏州大学出版社，2013.

［9］Shafik N. Economic Development and Environmental Quality: An Econometric Analysis ［J］. Oxford Economic Papers，1994，46（Supplement）：757-773.

［10］Selden T M，D Song. Environmental Quality and Development: Is There A Kuznets Curve for AirPollution? ［J］. Journal of Environmental Economics and Management, 1994, 27 (2): 147 - 162.

[11] Grossman G M, A B Krueger. Economic Growth and the Environment [J]. Quarterly Journal of Economics, 1995, 110 (2): 353 - 377.

[12] Galeottia M, A Lanza. Desperately seeking environmental Kuznets [J]. Environmental Modelling & Software, 2005, 20: 1379 - 1388.

[13] Holtz E D, T M. Selden. Stoking the fires $CO_2$ emissions and economic growth [J]. Journal of Public Economics, 1995, 57: 85 - 101.

[14] Friedl B, M Getzner. Determinants of $CO_2$ emissions in a small open economy [J]. Journal of Ecological Economics, 2003, 45: 133 - 148.

[15] Stern D I, M S Common. Is There An Environmental Kuznets Curve for Sulphur? [J]. Journal of Environmental Economics and Management, 2001, 41 (2): 162 - 178.

[16] Harbaugh W T, A Levinson and D. M. Wilson. Reexamining the Empirical Evidence for an Environmental Kuznets Curve [J]. Review of Economics and Statistics, 2002, 84 (3): 541 - 551.

[17] Richmond A K, R K Kaufmann. Is there a turning point in the relationship between income and energy use and or carbon emissions [J]. Ecological Economics, 2006, 5: 176 - 189.

[18] 刘荣茂, 张莉侠, 孟令杰. 经济增长与环境质量: 来自中国省际面板数据的证据 [J]. 经济地理, 2006, 26 (3): 374 - 377.

[19] 林伯强, 蒋竺均. 中国二氧化碳的环境库兹涅茨曲线预测及影响因素分析 [J]. 管理世界, 2009 (4): 27 - 36.

[20] 王立平, 管杰, 张纪东. 中国环境污染与经济增长: 基

于空间动态面板数据模型的实证分析 [J]. 地理科学, 2010, 30 (6): 818 - 825.

[21] 袁正, 马红. 环境拐点与环境治理因素: 跨国截面数据的考察 [J]. 中国软科学, 2011 (4): 184 - 192.

[22] 马树才, 李国柱. 中国经济增长与环境污染关系的 Kuznets 曲线 [J]. 统计研究, 2006 (8): 37 - 40.

[23] 曹光辉, 汪锋, 张宗益, 等. 我国经济增长与环境污染关系研究 [J]. 中国人口·资源与环境, 2006, 16 (1): 25 - 29.

[24] 张红凤, 周峰, 杨慧, 等. 环境保护与经济发展双赢的规制绩效实证分析 [J]. 经济研究, 2009 (3): 14 - 26.

[25] 朱平辉, 袁加军, 曾五一. 中国工业环境库兹涅茨曲线分析——基于空间面板模型的经验研究 [J]. 中国工业经济, 2010, 267 (6): 65 - 74.

[26] Eskeland G S, Harrison A E. Moving to Greener Pastures? Multinationals and the Pollution Haven Hypothesis [J]. Journal of Development Economics, 2003, 70 (1): 1 - 23.

[27] Cole M A, Elliott R J R. FDI and the Capital Intensity of "Dirty" Sectors: A Missing Piece of the Pollution Haven Puzzle [J]. Review of Development Economics, 2005, 9 (4): 530 - 548.

[28] Cole M A, Elliott R J R, Strobl E. The Environmental Performance of Firms: The Role of Foreign Ownership, Training and Experience [J]. Ecological Economics, 2008, 65 (3): 538 - 546.

[29] Markusen J R. Foreign Direct Investment As a Catalyst for Industrial Development [J]. European Economic Review, 1999 (43): 335 - 356.

[30] List J A, Catherine Y. Co. The Effects of Environmental Regulations on Foreign Direct Investment [J]. Journal of Environmental Eco-

nomics and Management, 2000, (40): 1 – 20.

[31] Antweiler Copeland B, Taylor M. Is Free Trade Good For the Environment? [J]. American Economic Review, 2001, (4): 877 – 908.

[32] 包群, 陈媛媛, 宋立刚. 外商投资与东道国环境污染: 存在倒 U 型曲线关系吗? [J]. 世界经济, 2010, (1): 3 – 17.

[33] He J. Pollution Haven Hypothesis and Environmental Impacts of Foreign Direct Investment: The Case of Industrial Emission of Sulphur Dioxide (so₂) in Chinese Provinces [J]. Ecological Economics, 2006 (60): 228 – 245.

[34] 陈凌佳. FDI 环境效应的新检验——基于中国 112 座重点城市的面板数据研究 [J]. 世界经济研究, 2008 (9): 54 – 59.

[35] 刘荣茂, 张莉侠, 孟令杰. 经济增长与环境质量: 来自中国省际面板数据的证据 [J]. 经济地理, 2006, 26 (3): 374 – 377.

[36] Zeng K, J Eastin. International Economic Integration and Environmental Protection: The Case of China [J]. International Studies Quarterly, 2007, 51 (4): 971 – 995.

[37] 许和连, 邓玉萍. 外商直接投资导致了中国的环境污染吗? ——基于中国省际面板数据的空间计量研究 [J]. 管理世界, 2012 (2): 30 – 43.

[38] 盛斌, 吕越. 外国直接投资对中国环境的影响——来自工业行业面板数据的实证研究 [J]. 中国社会科学, 2012 (5): 54 – 75.

[39] Cole M A, R J R Elliott, J Zhang. Growth, Foreign Direct Investment, and the Environment: Evidence from Chinese Cities [J]. Journal of Regional Science, 2011, 51 (1): 121 – 138.

[40] Grossman Gene M, Krueger Alan B. Environmental. Impacts

of a North American Free Trade Agreement〔R〕. NBER working paper, 1991, No. 3914.

〔41〕 Copeland Brian R, Taylor M. Scott. North – South Trade and the Environment〔J〕. The Quarterly Journal of Economics, 1994, 109 (3): 755 – 787.

〔42〕 Dean, Judith. Does Trade Liberalization Harm the Environment? A New Test〔J〕. Canadian Journal of Economics, 2002, 35: 819 – 842.

〔43〕 牛海霞, 罗希晨. 我国加工贸易污染排放实证分析〔J〕. 国际贸易问题, 2009, (2): 94 – 99.

〔44〕 彭水军, 刘安平. 中国对外贸易的环境影响效应: 基于环境投入——产出模型的经验研究〔J〕. 世界经济, 2010 (5): 140 – 160.

〔45〕 Stokey Nancy. Are There Limits to Growth?〔J〕. International Economic Review, 1998, 39 (1): 1 – 31.

〔46〕 Wils A. The Effects of Three Categories of Technological Innovation on the Use and Price of Nonrenewable Resources〔J〕. Ecological Economics, 2001, 37 (3): 457 – 472.

〔47〕 Czech B. Prospects for Reconciling the Conflict between Economic Growth and Biodiversity Conservation with Technological Progres s〔J〕. Conservation Biology, 2008, 22 (6): 1389 – 1398.

〔48〕 Jaffe A B, R G Newell, R N Stavins. Technological Change and the Environment〔M〕. NBER Working Paper, 2000, No. 7970.

〔49〕 魏巍贤, 杨芳. 技术进步对中国二氧化碳排放的影响〔J〕. 统计研究, 2010, 27 (7): 36 – 44.

〔50〕 李斌, 赵新华. 科技进步与中国经济可持续发展的实证分析〔J〕. 软科学, 2010 (9): 1 – 7.

［51］成艾华. 技术进步、结构调整与中国工业减排——基于环境效应分解模型的分析［J］. 中国人口·资源与环境, 2011, 21 (3)：41－47.

［52］徐圆, 陈亚丽. 国际贸易的环境技术效应——基于技术溢出视角的研究［J］. 中国人口·资源与环境, 2014, 24 (1)：148－156.

［53］蔡昉, 都阳, 王美艳. 经济发展方式转变与技能减排内在动力［J］. 经济研究, 2008 (6)：4－11.

［54］许广月, 宋德勇. 中国碳排放环境库兹涅茨曲线的实证研究——基于省域面板数据［J］. 中国工业经济, 2010, 266 (5)：37－47.

［55］宋涛, 郑挺国, 佟连军, 等. 基于面板数据模型的中国省区环境分析［J］. 中国软科学, 2006 (10)：121－172.

［56］陈建国, 迟诚, 杨博琼. FDI 对中国环境影响的实证研究：基于省际面板数据的分析［J］. 财经科学, 2009 (10)：110－117.

［57］范俊韬, 李俊生, 罗建武, 等. 我国环境污染与经济发展空间格局分析［J］. 环境科学研究, 2009 (6)：742－746.

［58］丁焕峰, 李佩仪. 中国区域污染形态及特征分析［J］. 经济地理, 2010, 30 (3)：501－507.

［59］高宏霞, 杨林, 付海东. 中国各省经济增长与环境污染关系的研究与预测——基于环境库兹涅茨曲线的实证分析［J］. 经济学动态, 2012 (1)：52－57.

［60］袁晓玲, 李政大, 刘伯龙. 中国区域环境质量动态综合评价——基于污染排放视角［J］. 长江流域资源与环境, 2013, 22 (1)：118－127.

［61］Anselin L. Spatial Effects in Econometric Practice in Environmental and Resource Economics [J]. American Journal of Agricultural Economics, 2001, 83 (3): 705 – 710.

[62] Rupasingha A, Goetz S J, Debertin D L, et al. The Environmental Kuznets Curve for US Counties: A Spatial Econometric Analysis with Extensions [J]. Papers in Regional Science. 2004, 83: 407 – 424.

[63] Maddison D J. Environmental Kuznets Curves: A Spatial Econometric Approach [J]. Journal of Environmental Economics and Management, 2006, 51: 218 – 230.

[64] Hossein M, Rahbar F. Spatial Environmental Kuznets Curve for Asian Countries: Study of $CO_2$ and PM2. 5 [J]. Journal of Environmental Studies, 2011, 37: 1 – 3.

[65] Poon P H, Casaa I, He C. The Impact of Energy, Transport, and Trade on Air Pollution in China [J]. Eurasian Geography and Economics, 2006, 47: 1 – 17.

[66] 王立平, 管杰, 张纪东. 中国环境污染与经济增长: 基于空间动态面板数据模型的实证分析 [J]. 地理科学, 2010 (12): 818 – 825.

[67] 吕健. 中国经济增长与环境污染关系的空间计量分析 [J], 财贸研究, 2011 (4): 1 – 7.

[68] 吴玉鸣, 田斌. 省域环境库兹涅茨曲线的扩展及其决定因素——空间计量经济学模型实证 [J]. 地理研究, 2012, 34 (4): 627 – 640.

[69] 刘洁, 李文. 中国环境污染与地方政府税收竞争——基于空间面板数据模型的分析 [J]. 中国人口·资源与环境, 2013, 23 (4): 81 – 88.

[70] 马丽梅, 张晓. 区域大气污染空间效应及产业结构影响

[J]. 中国人口·资源与环境, 2014, 24 (7): 157 - 164.

[71] Stigler G J. The theory of Economic Regulation [J]. Bell Journal, of Economice and Management Science, 1971, 2 (1): 3 - 21.

[72] 李雯. 西方规制理论述评 [J]. 南开经济研究, 2002 (3): 59 - 63.

[73] Becker G S. A Theory of Competition among Pressure Groups for Political Influence [J]. Quaterly Journal of Economics, 1983, 98 (3): 371 - 400.

[74] 马云泽. 规制经济学 [M]. 北京: 经济管理出版, 2008.

[75] Roberts M J, M Spence. Effluent Charges and Licenses under Uncertainty [J]. Journal of Public Economics, 1976, 5 (3 - 4): 193 - 208.

[76] Laffont J J, Tirole J. The POlitics of Government Decision-making: A Theory of Regulatory capture, Incentives [J]. quarterly journal of, 1991, 106: 1089 - 1127.

[77] Porter M. American's Green Strategy Scientific American, 1991, 264 (4): 168.

[78] Bemelmans - Videc Maric - Louise, Rist R. C& Vedung E.. Carrots, Sticks & Sermons: Policy instruments and their evaluation. New York: Transaction Publishers. 1998.

[79] 马士国. 环境规制工具的设计与实施效应 [M]. 上海: 上海三联书店, 2009.

[80] Atkinson S E, D H Lewis. A Cost - Effectiveness Analysis of Alternative Air Quality Control Strategies [J]. Journal of Environmental Economics and Management, 1974, 1 (3): 237 - 250.

[81] Tietenberg T. Environmental Economics Policy [M]. MA: Addition - Wesley. 2001.

［82］Managi S, S Kaneko. Economic Growth and the Environment in China – An Empirical Analysis of Productivity ［J］. International Journal of Global Environmental Issues, 2006, 6（1）: 89 – 133.

［83］Ng, Yew-kwang. Optimal Environmental Charges/Taxes: Easy to Estimate and Surplus-yielding ［J］. Environmental and Resource Economics, 2004, 28: 395 – 408.

［84］Tietenberg T H. The Tradable Permits Approach to Protecting the Commons: What Have We Learned? ［J］. Oxford Review of Economic Policy, 2003, 19（3）: 400 – 419.

［85］Kohn R E. A General Equilibrium Analysis of the Optimal Number of Firms in a Polluting Industry ［J］. Canadian Journal of Economics, 1985, 18（2）, 347 – 354.

［86］马士国. 基于市场的环境规制工具研究述评 ［J］. 经济社会体制比较, 2009, 142（2）: 1 – 9.

［87］Fullerton D, T C Kinnaman. Garbage, Recycling, and Illicit Burning or Dumping ［J］. Journal of Environmental Economics and Management, 1995, 29（1）: 78 – 91.

［88］Arimura T H, A Hibiki, H Katayama. Is a voluntary approach an effective environmental policy instrument? A case for environmental management systems ［J］. Journal of Environmental Economics and Management, 2008, 55: 281 – 295.

［89］沈满洪. 环境经济手段的比较分析 ［J］. 浙江学刊, 2001（6）: 162 – 166.

［90］马士国. 基于市场的环境规制工具研究述评 ［J］. 经济社会体制比较, 2009（2）: 183 – 191.

［91］李婉红, 毕克新, 曹霞. 环境规制工具对制造企业绿色技术创新的影响——以造纸及纸制品企业为例 ［J］. 系统工程,

2013（10）：112 – 121.

[92] 李斌，彭星．环境规制工具的空间异质效应研究——基于政府职能转变视角的空间计量分析 [J]．产业经济研究，2013（6）：38 – 47.

[93] 高树婷，苏伟光，杨琦佳．基于 DEA – Malmquist 方法的中国区域排污费征管效率分析 [J]．中国人口·资源与环境，2012，24（2）：23 – 29.

[94] 杨朝霞．论我国环境行政管理体制的弊端与改革 [J]．昆明理工大学学报，2007（5）：1 – 8

[95] 齐晔，等．中国环境管理体制研究 [M]．上海：上海三联书店，2008.

[96] 王洛忠．我国环境管理体制的问题与对策 [J]．中共中央党校学报，2011（12）：70 – 72.

[97] 郇庆治，李向群．中国的区域环保局督察中心：功能和局限 [A]．中国与德国的环境治理比较的视角 [C]．中央编译出版社，2012：131 – 149.

[98] 石淑华．美国环境规制体制的创新及其对我国的启示 [J]．经济管理体制，2008（1）：116 – 171.

[99] Porter M. American's Green Strategy [J]. Scientific American, 1991, 264（4）：168.

[100] Porter M E, C van der Linde, Toward a New Conception of the Environment – Competitiveness Relationship [J]. Journal of Economic Perspectives, 1995, 9（4）：97 – 118.

[101] Xepapadeas A, A Zeeuw. Environmental Policy and Competitiveness：The Porter Hypothesis and the Composition of Capital [J]. Journal of Environmental Economics and Management, 1999, 37（2）：165 – 182.

［102］Gollop F M, M J Roberts. Environmental Regulations and Productivity Growth：The Case of Fossil-fueled Electric Power Generation ［J］. Journal of Political Economy, 1983, 91（4）：654 – 674.

［103］Bafbera A J, V D McConnell. The Impact of Environmental Regulations on Industry Productivity：Direct and Indirect Effects ［J］. Journal of Environmental Economics and Management, 1990, 18（1）：50 – 65.

［104］Berman E, L T M Bui. Environmental Regulation and Productivity：Evidence from Oil Refineries ［J］. Review of Economics and Statistics, 2001, 83（3）：498 – 510.

［105］Murty M N, S Kumar. Win-win Opportunities and Environmental Regulation：Testing of Porter Hypothesis for Indian Manufacturing Industries ［J］. Journal of Environmental Management, 2003, 67（2）：139 – 144.

［106］Hamamoto M. Environmental Regulation and the Productivity of Japanese Manufacturing Industries ［J］. Resource and Energy Economics, 2006, 28（4）：299 – 312.

［107］Dasgupta B. LaPlante, N Mamingi, H. Wang. Prices and Environmental Performance：Evidence from InsPections, Pollution China ［J］. Eeologieal Eeonomies, 2001, 36：487 – 498.

［108］Jintao X, Hyde W F, Amacher G S. Chinas Paper Industry：Growth and environmental Poliey during economic reform ［J］. Jouinal of Economic Development, 2003, 1：49 – 79.

［109］张三峰, 茂亮. 环境规制、环保投入与中国企业生产率——基于中国企业问卷数据的实证研究 ［J］. 南开经济研究, 2011（2）：129 – 146.

［110］涂红星, 肖序. 环境管制会影响公司绩效吗？——以中

国 6 大水污染密集型行业为例 [J]. 财经论丛, 2013, 174 (5): 112 - 117.

[111] 于文超. 环境规制的影响因素及其经济效应研究 [M]. 成都: 西南财经大学出版社, 2014.

[112] Lanjouw J O, Mody A. Innovation and the International Diffusion of Environmentally Responsive Technology [J]. Research Policy, 1996 (25): 549 - 571.

[113] Popp D. International innovation and diffusion of air pollution cintrol Technologies: the effects of $NO_X$ and $SO_2$ regulation in the US, Japan, and Gemany [J]. Journal of Environmental Economic and Management, 2006, 51: 46 - 71.

[114] 李强, 聂锐. 环境规制与区域技术创新——基于中国省际面板数据的实证分析 [J]. 中南财经政法大学学报, 2009, (4): 18 - 23.

[115] 张成, 陆旸, 郭路, 于同申. 环境规制强度和生产技术进步 [J]. 经济研究, 2011 (2): 113 - 124.

[116] 张晓莹, 张红凤. 环境规制对中国技术效率的影响机理研究 [J]. 财经问题研究, 2014, 366 (5): 124 - 129.

[117] 许庆瑞, 吕燕, 王伟强. 中国企业环境技术创新研究 [J]. 中国软科学, 1995 (5): 17 - 20.

[118] 赵红. 环境规制对企业技术创新影响的实证研究——以中国 30 个省份大中型工业企业为例 [J]. 软科学, 2008, 22 (6): 121 - 125.

[119] 王国印, 王动. 波特假说、环境规制与企业技术创新——对中东部地区比较分析 [J]. 中国软科学, 2011 (1): 100 - 112.

[120] Long N, H Siebert. Institutional Competition versus Ex-ante Harmonization: The Case of Environmental Policy [J]. Journal of Insti-

tutional and Theoretical conomics, 1991, 147 (2): 296 - 311.

[121] van Beers C, C J M van den Bergh. The Impact of Environmental Policy on Foreign Trade: Tobey Revisited with a Bilateral Flow Model [J]. Tinbergen Institute Discussion Papers, 1997 (3): 00 - 069.

[122] Xu X. International Trade and Environmental Regulation: Time Series Evidence and Cross Section Test [J]. Environmental and Resource Economics, 2000, 17 (3): 233 - 257.

[123] 强永昌. 环境规制与中国对外贸易可持续发展 [M]. 上海: 复旦大学出版社, 2006.

[124] 朱启荣. 我国出口贸易与工业污染、环境规制关系的实证分析 [J]. 世界经济研究, 2007 (8): 47 - 51.

[125] 李玉楠, 李廷. 环境规制、要素禀赋与出口贸易的动态关系——基于我国污染密集产业的动态面板数据 [J]. 国际经贸探索, 2012 (1): 34 - 42.

[126] Copeland B R, Taylor M S. North - Sounth Trade and environment [J]. The quarterly journal of conomics, 1994, 12 (3): 755 - 787.

[127] 陆旸. 环境规制影响了污染密集型商品的贸易比较优势吗? [J]. 经济研究, 2009, (4): 28 - 40.

[128] 王传宝, 刘林奇. 我国环境管制出口效应的实证研究 [J]. 国际贸易问题, 2009, (6): 83 - 90.

[129] 李怀政. 环境规制、技术进步与出口贸易扩张——基于我国 28 个工业大类 VAR 模型的脉冲响应与方差分解 [J]. 国际贸易问题, 2011 (12): 130 - 137.

[130] 李小平, 卢现祥, 陶小琴. 环境规制强度是否影响了中国工业行业的贸易比较优势 [J]. 世界经济, 2012 (4): 62 - 78.

[131] Panayotou T. Demystifying the Environmental Kuznets Curve:

Tuming a Black Box into a Policy Tool [J]. EnvironmentandDeveloPmentEeonomies, 1997 (2): 465 –484.

[132] Dasgupta S, B LaPlante, N Mamingi, H Wang. Inspection, Pollution Prices and Environmental Performanee: Evidence from china [J]. Ecological Economies, 2001, 36: 487 –498.

[133] 叶祥松, 彭良燕. 我国环境规制的规制效率研究——基于 1999~2008 年我国省际面板数据 [J]. 经济学家, 2011, (6): 81 –86.

[134] 李静. 中国区域环境效率的差异与影响因素研究 [J]. 南方经济, 2009 (12): 24 –35.

[135] 宋马林, 王舒鸿. 环境规制、技术进步与经济增长 [J]. 经济研究, 2013 (3): 122 –134.

[136] 李静. 中国地区环境效率的差异和规制研究 [M]. 北京: 社会科学文献出版社, 2012.

[137] 沈能, 王群伟. 考虑异质性技术的环境效率评价及空间效应 [J]. 管理工程学报, 2015, 29 (1): 163 –168.

[138] 张红风, 张细松, 等. 环境规制理论研究 [M]. 北京: 北京大学出版社, 2012.

[139] Damania, R. Political lobbying and the choice of environmental policy instruments [J]. Environmental Modelling and Software, 2001, 169 (6): 509 –515.

[140] 周业安, 冯兴元, 赵坚毅. 地方政府竞争与市场秩序的重构 [J]. 中国社会科学, 2004, (1): 56 –65.

[141] Barrett S. Strategic Environmental Policy and International Trade [J]. Journal of Public Economics, 1994, 54 (3): 325 –338.

[142] Kennedy P W. Equilibrium Pollution Taxes in Open Economies with Imperfect Competition [J]. Journal of Environmental Econom-

ics and Management, 1994, 27 (1): 49 - 63.

[143] 张学刚, 钟茂初. 政府环境监管与企业污染的博弈分析及对策研究 [J]. 中国人口·资源与环境, 2011, 21 (2): 31 - 35.

[144] 张倩, 曲世友. 环境规制下政府与企业环境行为的动态博弈与最优策略研究 [J]. 预测, 2013 (4): 35 - 40.

[145] 崔亚飞, 刘小川. 中国地方政府间环境污染治理策略的博弈分析: 基于政府社会福利目标的视角 [J]. 理论与改革, 2009 (6): 62 - 65.

[146] 潘峰, 西宝, 王琳. 地方政府间环境规制策略的演化博弈分析 [J]. 中国人口·资源与环境, 2014, 24 (6): 97 - 102.

[147] 王齐. 政府管制与企业排污的博弈分析 [J]. 中国人口·资源与环境, 2004, 14 (3): 119 - 122.

[148] Anselin L. Spatial Effects in Econometric Practice in Environmental and Resource conomics [J]. American Journal of Agricultural Economics, 2001, 83 (3): 705 - 710.

[149] Esty D C. Revitalizing Environmental Federalism [J]. Michigan Law Review, 1996, 9 (5): 234 - 242.

[150] Cumberland J H. Efficiency and Equity in Interregional Environmental Management [J]. Reviews of Regional Studies, 1981, 10 (2): 1 - 9.

[151] Wilson J D. Theories of Tax Competition [J]. National Tax Journal, 1999, 52 (2): 269 - 304.

[152] Oates Wallace E, P R Portney. The Political Economy of Environmental Policy [J]. Handbook of Environmental Economics, 2003 (1): 325 - 354.

[153] Rauscher M. Economic Growth and Tax - Competing Leviathans [J]. International Tax and Public Finance, 2005, 12 (4): 457 -

474.

[154] Gates Wallace E, Robert M Schwab. Economic Competition among Jurisdictions: Efficiency Enhancing or Distortion Inducing? [J]. Journal of Public Economics, 1988, 35 (3): 333 – 354.

[155] Wildasin David E. Interjurisdictional Capital Mobility: Fiscal Externality and a Corrective Subsidy [J]. Journal of Urban Economics, 1989, 25 (2): 193 – 212.

[156] Revesz Richard L. Federalism and Interstate Environmental Externalities [J]. University of Pennsylvania Law Review, 1996 (6): 2341 – 2416.

[157] List John A, Shelby Gerking. Regulatoty Federalism and Environmental Protection in the United States [J]. Journal of Regional Science, 2000, 40 (3): 453 – 471.

[158] Potoski M. Clean Air Federalism: Do States Race to the Bottom? [J]. Public Administration Review, 2001, 61 (3): 335 – 343.

[159] Levinson Arik. Environmental Regulatory Competition: A Status Report and Some New Evidence [J]. National Tax Journal, 2003, 56.

[160] Markusen J R, Morey E R., Olewiler N. Competition in Regional Environmental Policies When Plant Locations Are Endogenous [J]. Journal of Public Economics, 1995, 56: 55 – 57.

[161] Fredriksson G, Daniel L. Millimet. Strategic Interaction and the Determination of Environmental Policy across US States [J]. Journal of Urban Economics, 2002, 51: 359 – 366.

[162] 王永钦, 等. 中国的大国发展道路——论分权式改革的得失 [J]. 经济研究, 2007 (1): 4 – 16.

[163] 陶然, 等. 地区竞争格局演变下的中国转轨: 财政激励和发展模式反思 [J]. 经济研究, 2009 (7): 21 – 33.

[164] 杨海生,陈少凌,周永章.地方政府竞争与环境政策——来自中国省份数据的证据 [J].南方经济,2008 (6):15-30.

[165] 李猛.中国环境破坏事件频发的成因与对策——基于区域间环境竞争的视角 [J].财贸经济,2009 (9):82-88.

[166] 郭志仪,郑周胜.财政分权、晋升激励与环境污染:基于1997~2010年省际面板数据分析 [J].西南民族大学学报(人文社会科学版),2013 (3):103-107.

[167] 张文彬,张理芃,张可云.国环境规制强度省际竞争形态及其演变:基于两区制空间 Durbin 固定效应模型的分析 [J].管理世界,2010 (12):34-44.

[168] 朱平芳,张征宇,姜国麟.FDI 与环境规制:基于地方分权视角的实证研究 [J].经济研究,2011 (6):133-145.

[169] 黄森.区域环境治理 [M].北京:中国环境科学出版社.2009.

[170] 曾文慧.越界水污染规制——对中国跨行政区流域污染的考察 [M].上海:复旦大学出版社.2007.

[171] 马强,等.我国跨行政区环境管理协调机制建设的策略研究 [J].中国人口·资源与环境,2008 (5):133-138.

[172] 杨妍,孙涛.跨区域环境治理与地方政府合作机制研究 [J].中国行政管理,2009,283 (1):66-69.

[173] 刘洋,万玉秋.跨区域环境治理中地方政府间的博弈分析 [J].环境保护科学,2010,36 (1):34-36.

[174] 曹树青.论区域环境治理及其体制机制构建 [J].西部论坛,2014,24 (6):90-95.

[175] 谢宝剑,陈瑞莲.国家治理视野下的大气污染区域联动防治体系研究——以京津冀为例 [J].中国行政管理,2014 (4):6-10.

［176］赵新峰，袁宗威．京津冀区域政府间大气污染治理政策协调问题研究［J］．中国行政管理，2014（11）：18－23．

［177］彭水均，张文城，曹毅．贸易开放的结构效应是否加剧了中国的环境污染——基于地级城市动态面板数据的经验证据［J］．国际贸易问题，2013（8）：119－132．

［178］胡鞍钢，刘生龙．交通运输、经济增长及溢出效应：基于中国省际数据空间经济计量的结果［J］．中国工业经济，2009（5）：5－14．

［179］潘文卿．中国的区域关联与经济增长的空间溢出效应［J］．经济研究，2012（1）：54－65．

［180］Rey S J. Spatial Empirics for Economic Growth and Convergence［J］. Geographical Analysis，2001，33：195－214．

［181］曲格平．中国环境保护四十年回顾及思考（回顾篇）［J］．环境保护，2013（5）：10－17．

［182］常纪文．三十年中国环境法治的理论和实践［J］．中国地质大学学报（社会科学版），2009，9（5）：28－35．

［183］徐勇．地方政府学［M］．北京：高等教育出版社，2005．

［184］曾伟．地方政府管理学［M］．北京：北京大学出版社，2006．

［185］俞可平．政府创新的理论和实践［M］．杭州：浙江人民出版社，2005．

［186］吴晓青．深入贯彻《意见》精神严格执行环境影响评价制度［J］．环境保护，2011（24）：8－11．

［187］王金南，等．排污费标准调整与排污收费制度改革方向［J］．环境保护，2014（19）：37－39．

［188］竺效．论新《环境保护法》中的环评区域限批制度

［J］. 法学，2014（8）：17－31.

［189］王金南，等. 中国排污交易制度的实践和展望［J］. 环境保护，2014，240（5）：17－22.

［190］郭莲丽，等. 我国环境责任保险发展现状研究［J］. 科技管理研究，2012（16）：205－208.

［191］Low P, Yeats A. Do "dirty" industries migrate？［J］. World Bank Discussion Papers，1992.

［192］包群，彭水军. 经济增长与环境污染：基于面板数据的联立方程估计［J］. 世界经济，2006（11）：48－58.

［193］王兵，吴延瑞，颜鹏飞. 中国区域环境效率与环境全要素生产率增长［J］. 经济研究，2010，（5）：95－109.

［194］Gray, Wayne B. The Cost of Regulation：OSHA，EPA and the Productivity Slowdown［J］. The American Economic Review，1987，77（5）：998－1006.

［195］Fredriksson Per G. , Millimet D L. Strategic Interaction and the Determinants of Environmental Policy across U. S. States［J］. Journal of Urban Economics，2002，51：101－122.

［196］Levinson A. Environmental regulations and manufacturers' location choices：Evidence from the Census of Manufactures［J］. Journal of Public Economics，1996，62（1）：5－29.

［197］张成，于同申，郭路. 环境规制影响了中国的工业生产率吗？——基于 DEA 与协整分析的实证检验［J］. 经济理论与经济管理，2010（3）：11－17.

［198］Brueckner, Jan K. Strategic Interaction Among Local Governments：An Overview of Empirical Studies［J］. International Regional Science Review，2003，26：175－188.

［199］刘伟明. 中国的环境规制与地区经济增长［M］. 北京：

社会科学文献出版社. 2013.

[200] Berman E, Bui L T M. Environmental regulation and pro-ductivity: evidence from oil refineries [J]. Review of Economics and Statis-tics, 2001, 83 (3): 498 – 510.

[201] 沈能. 环境效率, 行业异质性与最优规制强度——中国工业行业面板数据的非线性检验 [J]. 中国工业经济, 2012 (3): 56 – 68.

[202] 傅京燕, 李丽莎. 环境规制, 要素禀赋与产业国际竞争力的实证研究——基于中国制造业的面板数据 [J]. 管理世界, 2010 (10): 87 – 98.

[203] 李玲, 陶锋. 中国制造业最优环境规制强度的选择——基于绿色全要素生产率的视角 [J]. 中国工业经济, 2012 (5): 70 – 82.

[204] Cole M A, Elliott R J R. Do Environmental Regulations In-fluence Trade Patterns? Testing Old and New Trade Theories [J]. The World Economy, 2003, 26: 1163 – 1186.

[205] Mani M, Wheeler D. In Search of Pollution Havens? Dirty Industryin the World Economy, 1960 to 1995 [J]. The Journal of Envi-ronment and Development, 1998, 7 (3): 215 – 247

[206] 韩玉军, 陆旸. 经济增长与环境的关系 [J]. 经济理论与经济管理, 2009 (3): 5 – 11.

[207] 张成, 等. 环境规制强度和生产技术进步 [J]. 经济研究, 2011 (2): 113 – 124.

[208] 李胜兰, 申晨, 林沛娜. 环境规制与地区经济增长效应分析 [J]. 财经论丛, 2014, 182 (6): 88 – 96.

[209] 包群, 邵敏, 杨大利. 环境管制抑制了污染排放吗? [J]. 经济研究, 2013, 48 (12): 42 – 54.

[210] Anselin L. Spatial Econometrics: Methods and Models [M]. Boston: Kluwer Academic Publisher, 1988.

[211] Anselin L. Spatial Effects in Econometric Practice in Environmental and Resource Economics [J]. American Journal of Agricultural Economics, 2001, 83 (3): 705 – 710.

[212] Maddison D J. Environmental Kuznets Curves: A Spatial Econometric Approach [J]. Journal of Environmental Economics and Management, 2006, 51: 218 – 230.

[213] Ord K. Estimation Methods for models of spatial interaction [J]. Journal of the American Statistical Association, 1975, 70 (349): 120 – 126.

[214] 李佐军, 盛三化. 城镇化进程中的环境保护: 隐忧与应对 [J]. 国家行政学院学报, 2012, (4): 69 – 73.

[215] Judish M. Dean. Does Trade Liberalization Harm the Environment? A New Test [J]. CIES Discussion Paper, 2000, No. 0015.

[216] 盛斌, 吕越. 外国直接投资对中国环境的影响: 来自工业行业面变数据的实证研究 [J]. 中国社会科学, 2012 (5): 54 – 75.

[217] Burridge P. On the Cliff – Ord test for spatial correlation [J]. Journal of the Royal Statistical Society, 1980, 42 (1): 107 – 108.

[218] Anselin L. Spatial Econometrics: Methods and Models [M]. Dordrecht: Kluwer Academic Publishers, 1988.

[219] Bera A, Yoon M. Specification testing with locally misspecified alternatives [J]. Econometric Theory, 1993, 9: 649 – 658.

[220] Anselin L, Bera A K. and Florax, R. Simple Diagnostic Tests for Spatial Dependence [J]. Regional Scienceand Urban Economics, 1996, 1: 77 – 104.

[221] 陈佳贵, 黄群慧, 等. 中国地区工业化进程的综合评价

和特征分析 [J]. 经济研究, 2006 (6): 4 - 15.

[222] 王建军, 吴志强. 城镇化发展阶段划分 [J]. 地理学报, 2009 (2): 177 - 188.

[223] Breton A. Competitive Governments: An Economic Theory of Politics and Public Finance [M]. New York: Cambridge University Press, 1996.

[224] Anselin L. Spatial Effects in Econometric Practice in Environmental and Resource Economics [J]. American Journal of Agricultural Economics, 2001, 83 (3): 705 - 710.

[225] Brueckner J K. Strategic Interaction among Governments: an Overview of Empirical Studies [J]. International Regional Science Review, 2003, 26 (2): 175 - 188.

[226] 徐现祥, 王贤彬, 舒元. 官员交流与经济增长——来自中国省长、省委书记交流的证据 [J]. 经济研究, 2007 (9): 18 - 31.

[227] Lesage James P, Pace R Kelley. Introduction to Spatial Econometrics [M]. London: CRC Press / Taylor & Francis Group, 2009.

[228] Brueckner Jan K. Strategic Local Governments: An Overview of Empirical Interaction Among Studies [J]. International Regional Science Review, 2003, 26: 175 - 188.

[229] 包群, 邵敏, 杨大利. 环境管制抑制了污染排放吗? [J]. 经济研究, 2013, 48 (12): 42 - 54.

[230] 杨海生, 陈少凌, 周永章. 地方政府竞争与环境政策——来自中国省份数据的证据 [J]. 南方经济, 2008, (6): 15 - 30.

[231] Elhorst J P, Freret S. Evidence of Yardstick Competition in France Using a Two - Regime Durbin Model with Fixed Effects. [J]. Journal of Regional Science. 2009: 1 - 21.

〔232〕 Fredriksson P G，Millimet D L. Strategic Interaction and the Determination of Environmental Policy across U. S. States 〔J〕. Journal of Urban Economics，2002，51：101 - 122.

〔233〕 Woods N D. Interstate Competition and Environmental Regulation：A Test of the Race-to-the - Bottom Thesis 〔J〕. Social Science Quarterly，2006，87（1）：174 - 189.

〔234〕 Nordenstam B J，Lambright W H. A Framework for Analysis of Transboundary Institutions for Air Pollution Policy in the United States Environmental Science&Policy，1998，1（3）：231 - 238.

〔235〕 Lents J M. Making Clean Air Programs Work 〔J〕. Environmental Science&Policy，1998，1（3）：211 - 222.

〔236〕 汪小勇，等. 美国跨界大气环境监管经验对中国的借鉴 〔J〕. 中国人口·资源与环境，2012，22（3）：118 - 123.

〔237〕 Nordenstam B J，Lambright W H，Berger M E. A framework for analysis of transboundary institutions for air pollution policy in the United States. 〔J〕. Environmental Science&Policy，1998，1（3）：231 - 238.

〔238〕 Cline L. Negotiating the superfund：are environmental protection agency regional officials willing to bargain with states？ 〔J〕. The Social Science Journal，2010，47（1）：106 - 120

〔239〕 万薇，张世秋. 邹文博. 中国区域环境管理机制探讨 〔J〕. 北京大学学报（自然科学版），2010，46（3）：449 - 456.

〔240〕 蒋尉. 欧盟的环境规制演进、制度因素和趋势 〔J〕. 中国社会科学院研究生院学报，2013，196（7）：130 - 139.

〔241〕 常纪文. 欧盟如何一盘棋治大气？〔N〕. 中国环境报，2014 - 06 - 26（4）.

〔242〕 邓翔，翟小松，路征. 欧盟环境政策的发展和新启示

[J]. 财经科学，2012，296（11）：109-115.

[243] 唐亚林. 从行政分割到区域善治：长江三角洲区域政府合作模式的创新 [J]. 政治与法律，2008（12）：7-13.

[244] 施从美. 长三角区域环境治理视域下的生态文明建设 [J]. 社会科学，2010（5）：13-20.

[245] 刘玉，冯健. 区域公共政策 [M]. 北京：中国人民大学出版社，2005.

[246] 钟卫红. 泛珠三角区域环境合作：现状、挑战及建议 [C]. 2006 年全国环境资源法学研讨会本书集. 北京，2006：126-130.

[247] 董城，陈建强，等. 京津冀将统筹编制空气达标规划 [N]，光明日报，2014-04-09（1）.

[248] 赵新峰，袁宗威. 京津冀区域政府间大气污染治理政策协调问题研究 [J]. 中国行政管理，2014（11）：18-23.

[249] 谢玉华. 市场化进程中的地方保护研究 [M]. 长沙：湖南大学出版社，2006.

[250] 谢宝剑，陈瑞莲. 国家治理视野下的大气污染区域联动防治体系研究——以京津冀为例 [J]. 中国行政管理，2014（4）：6-10.

[251] 常纪文. 大气污染区域联防联控应实行共同但有区别责任原则 [J]. 环境保护，2014（15）：43-45.

[252] 柴发合，等. 我国大气污染联防联控环境监管模式的战略转型 [J]. 环境保护，2013（5）：22-25.

# 后　　记

　　我的求学之路，颇为曲折和艰辛，但一直未放弃追寻和努力，今日虽完成博士本书写作，在校学习之旅即将结束，但深知这是一份并不完美的作业，古人云：吾生有涯，而知也无涯，求索应永无止境。

　　本书是在博士论文的基础上修改完成的。选题定于区域环境问题，始于工作生活属地变迁的切身感受，自小生长在黄土高原，家乡曾经是风水草地现牛羊般的秀美草场，如今水草退化沙尘肆意；硕士毕业后安身立命于江南杭州，这里曾经是享誉盛名的人间天堂，时下也是灰霾重灾之地。从《寂静的春天》的觉醒，到世界气候大会的博弈，人类对环境问题的关注和诉求日趋强烈，所幸环境恶化问题得到各地政府重视，金城重典治污，杭城五水共治，真心期盼环境恶化趋势得以缓解。

　　大学之道在明明德，在亲民。母校虽偏处西北一域，但独树一帜，声著海内。也许兰大是别人眼中最受委屈的大学，却是我心目中最好的大学，它像戈壁上的一颗胡杨树，千年不倒千年不朽，正是这种自强不息、争创一流的兰大精神，时刻激励着每个兰大学子承受苍凉、耐住寂寞、埋头前行。

　　亲其师而信其道。因缘幸会恩师俞树毅教授十年有余，先后投身师门硕士三年、博士四年，得到恩师的教诲不仅仅是学术的点拨，更多的是做学问之道的传授和人生、处事疑惑的解答，一日从师，终身受益。恩师为人宽厚，待生亲和，师恩之情，永铭于心。

感谢在博士求学过程中给予我帮助的领导、老师、同事和朋友。感谢经济学院高新才教授、李国璋教授、郭志仪教授、成学真教授、韦惠兰教授、杨肃昌教授、贾登勋教授、郭爱君教授、姜安印教授、汪慧玲教授、李泉副教授，陈志莉、张和平和谢林会老师，他们或在学术研究、论文写作，或在学业管理、工作生活中给予了我指导。感谢我工作单位浙江理工大学的领导和同事，能够继续深造离不开他们的鼓励和支持。

同窗几年，一生情谊。感谢韩雪梅、刘那日苏、刘燕平、袁志伟和黄杰等同学的帮助，特别感谢同门房裕同学，相信共同经历过的博士求学心路历程终生难忘。

感谢花甲之年的父母，给予我生命，抚养我成人，至今仍然在帮助我们抚养儿女；感谢妻子，我们一直以来以团队自居，学术研究中互通有无，生活事业中携手共进；感谢儿子和女儿带给我的快乐，他们也是我奋进的力量。